全国计算机等级考试

上机考试习题集

二级 Visual FoxPro 数据库程序设计

全国计算机等级考试命题研究组　编

南开大学出版社

天　津

内容提要

本书提供了全国计算机等级考试二级 Visual FoxPro 数据库程序设计机试试题库，内容包括基本操作题、简单应用题和综合应用题。本书配套光盘包含如下内容：(1)上机考试的全真模拟环境，可练习大量试题；(2)本书所有习题的源文件和结果文件；(3)本书所有习题的详尽答案；(4)考试过程的录像动画演示，从登录、答题到交卷，均有指导教师的全程语音讲解。

本书针对参加全国计算机等级考试二级 Visual FoxPro 数据库程序设计的考生，同时也可作为大专院校、成人高等教育以及相关培训班的练习题和考试题使用。

图书在版编目(CIP)数据

全国计算机等级考试上机考试习题集：2011版. 二级 Visual FoxPro 数据库程序设计 / 全国计算机等级考试命题研究组编. —7版. —天津市：南开大学出版社，2010.12
　　ISBN 978-7-310-02264-9

Ⅰ.全… Ⅱ.全… Ⅲ.①电子计算机－水平考试－习题 ②关系数据库－数据库管理系统，Visual FoxPro－程序设计－水平考试－习题 Ⅳ.TP3-44

中国版本图书馆 CIP 数据核字(2009)第 190948 号

南开大学出版社出版发行

出版人：肖占鹏

地址：天津市南开区卫津路 94 号　　邮政编码：300071
营销部电话：(022)23508339　23500755
营销部传真：(022)23508542　邮购部电话：(022)23502200

*

河北省迁安万隆印刷有限责任公司印刷

全国各地新华书店经销

*

2010 年 12 月第 7 版　　2010 年 12 月第 7 次印刷
787×1092 毫米　16 开本　7.875 印张　192 千字
定价：22.00 元

如遇图书印装质量问题，请与本社营销部联系调换，电话：(022)23507125

编委会

前　言

全国计算机等级考试（National Computer Rank Examination，NCRE）是由教育部考试中心主办，用于考查应试人员的计算机应用知识与能力的考试。本考试的证书已经成为许多单位招聘员工的一个必要条件，具有相当的"含金量"。

为了帮助考生更顺利地通过计算机等级考试，我们做了大量市场调研工作，根据考生的备考体会，以及培训教师的授课经验，推出了《上机考试习题集——Visual FoxPro 数据库程序设计》。本书主要由如下两部分组成。

一、上机考试题库

对于备战等级考试而言，做题，是进行考前冲刺的最佳方式。这是因为它的针对性相当强，考生可以通过实际练习做题，来检验自己是否真正掌握了相关知识点，了解考试重点，并且根据需要再对知识结构的薄弱环节进行强化。

本书提供了二级 Visual FoxPro 上机考试的机试题库，包括基本操作题、简单应用题、综合应用题，题目典型，题量大，涵盖上机考试各方面的知识点。

二、配套光盘

本书配套光盘包含如下内容：

- 上机考试的全真模拟环境，用于考前实战训练。本上机系统题量巨大，大量试题均可在全真模拟考试系统中进行训练和判分，以此强化考生的应试能力，其考题类型、出题方式、考场环境和评分方法与实际考试相同，但多了详尽的答案和解析，使考生可掌握解题技巧和思路。
- 上机考试过程的视频录像，从登录、答题到交卷的录像演示，均有指导教师的全程语音讲解。
- 本书所有习题的源文件以及结果文件。
- 书中所有习题答案，可通过屏幕浏览和打印方式轻松查看。

本书针对参加全国计算机等级考试二级 Visual FoxPro 数据库程序设计的考生，同时也可以作为普通高校、大专院校、成人高等教育以及相关培训班的练习题和考试题使用。

为了保证本书及时面市和内容准确，很多朋友做出了贡献，陈河南、贺民、许伟、侯佳宜、贺军、于樊鹏、戴文雅、戴军、李志云、陈安南、李晓春、王春桥、王雷、韦笑、龚亚萍、冯哲、邓卫、唐玮、魏宇、李强等老师付出了很多辛苦，在此一并表示感谢！

在学习的过程中，您如有问题或建议，请通过电子邮件与我们联系。或登录百分网，在"书友论坛"与我们共同探讨。

电子邮件：book_service@126.com

百分网：　www.baifen100.com

全国计算机等级考试命题研究组

配套光盘说明

光盘初始启动界面,可选择安装上机系统、查看上机操作过程,查看参考答案,安装源文件

上机操作过程的录像演示,有指导教师的全程语音讲解

单击光盘初始界面的图标,可进入百分网,您可以在此与我们共同探讨问题

单击光盘初始界面左下角的图标,您可以给我们发送邮件,提出您的建议和意见

考生登录界面:在此输入准考证号等考生信息

从"开始"菜单可启动帮助系统,在这里可看到考试简介、考试大纲以及详细的软件使用说明

您可以随机抽题,也可以指定固定的题目

浏览题目界面,查看考试题目,单击"考试项目"开始答题

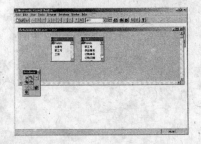
在实际环境中答题,完成后单击工具栏中的"交卷"按钮

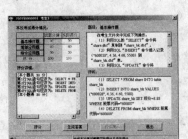
答案和分析界面,查看所考核题目的答案和分析

第一部分　基本操作题

基本操作题共4小题，第1题和第2题是7分、第3题和第4题是8分。

☆☆☆☆☆☆☆☆☆☆☆☆☆☆☆☆☆☆☆☆☆☆☆☆☆☆☆☆☆☆☆☆☆☆☆☆☆☆

第1题

注意：基本操作题为4道SQL题，请将每道题的SQL命令粘贴到sqlanswer.txt文件，每条命令占一行，第1道题的命令是第1行，第2道题的命令是第2行，以此类推；如果某道题没有做，相应行为空。

在考生文件夹下完成下列操作：

（1）利用 SQL 的"SELECT"命令将"share.dbf"复制到"share_bk.dbf"。

（2）利用 SQL"INSERT"命令插入记录（"600028",4.36, 4.60, 5500）到"share_bk.dbf"表。

（3）利用 SQL"UPDATE"命令将"share_bk.dbf"表中"股票代码"为"600007"的股票"现价"改为"8.88"。

（4）利用 SQL"DELETE"命令删除"share_bk.dbf"表中"股票代码"为"600000"的记录。

☆☆☆☆☆☆☆☆☆☆☆☆☆☆☆☆☆☆☆☆☆☆☆☆☆☆☆☆☆☆☆☆☆☆☆☆☆☆

第2题

（1）创建一个名为"Sproject"的项目文件。

（2）将考生文件夹下的数据库"SDB"添加到新建的项目文件中。

（3）打开学生数据库"SDB"，将考生文件夹下的自由表"TEACHER"添加到"学生"数据库SDB中；为教师表"TEACHER"创建一个索引名和索引表达式均为"教师号"的主索引（升序）。

（4）通过"班级号"字段建立表"CLASS"和表"STUDENT"表间的永久联系。

☆☆☆☆☆☆☆☆☆☆☆☆☆☆☆☆☆☆☆☆☆☆☆☆☆☆☆☆☆☆☆☆☆☆☆☆☆☆

第3题

（1）为各部门分年度季度销售金额和利润表 S_T 创建一个主索引和普通索引（升序），主索引的索引名为"NO"，索引表达式为"部门号+年度"；普通索引的索引名和索引表达式均为"部门号"。

（2）在S_T表中增加一个名为"说明"的字段，字段数据类型为"字符"，宽度为60。

（3）使用SQL的ALTER TABLE语句将S_T表的"年度"字段的默认值修改为"2003"，并将该SQL语句存储到命令文件"ONE.PRG"中。

（4）通过"部门号"字段建立S_T表和DEPT表间的永久联系，并为该联系设置参照完整性约束：更新规则为"级联"；删除规则为"限制"；插入规则为"忽略"。

★★

第 4 题

（1）新建一个名为"外汇"的数据库。

（2）将自由表"外汇汇率"、"外汇账户"、"外汇代码"加入到新建的"外汇"数据库中。

（3）用 SQL 语句新建一个表"RATE"，其中包含 4 个字段"币种 1 代码" C（2）、"币种 2 代码" C（2）、"买入价"N(8,4)、"卖出价"N(8,4)，请将 SQL 语句存储于 rate.txt 中。

（4）表单文件 test_form 中有一个名为 form1 的表单（如图），请将文本框控件 Text1 设置为只读。

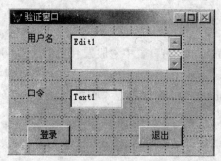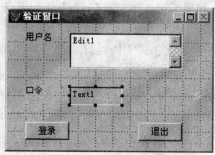

★★

第 5 题

（1）建立项目"超市"；并把"商品管理"数据库加入到该项目中。

（2）为"商品表"增加字段：销售价格 N(6,2)，该字段允许出现"空"值，默认值为.NULL.。

（3）为"销售价格"字段设置有效性规则："销售价格>=0"；出错提示信息是："销售价格必须大于等于零"。

（4）使用报表向导为商品表创建报表：报表中包括"商品表"中全部字段，报表样式用"经营式"，报表中数据按"商品编码"升序排列，报表文件名report_a.frx。其余按缺省设置。

★★

第 6 题

（1）为"学生"表在"学号"字段上建立升序主索引，索引名为"学号"。

（2）在"学生"表的"性别"和"年龄"字段之间插入一个"出生年月"字段，数据类型为"日期型"。

（3）用 SQL 的 update 命令将学生"李小珍"的性别改为"男"，并将该语句粘贴到 sqlanswer.txt 文件中（放在第一行，并只占一行，关键字必须拼写完整）。

★★

第 7 题

（1）请在考生文件夹下建立一个项目WY。

（2）将考生文件夹下的数据库KS4加入到新建的项目WY中。

（3）利用视图设计器在数据库中建立视图my_VIEW，视图包括hjqk表的全部字段(顺序同hjqk中的字段)和全部记录。

（4）从表HJQK中查询"奖级"为一等的学生的全部信息(GJHY表的全部字段)，并按"分数"的降序存入新表NEW中。

★★

第 8 题

（1）新建一个名为"供应关系"的项目文件。

（2）将数据库"供应零件"加入到新建的项目文件中。

（3）通过"零件号"字段为"零件"表和"供应"表建立永久联系（"零件"是父表，"供应"是子表）。

（4）为"供应"表的"数量"字段设置有效性规则：数量必须大于 0 并且小于 9999；错误提示信息是"数量超出范围"。

★★

第 9 题

（1）请在考生文件夹下建立一个数据库KS4。

（2）将考生文件夹下的自由表STUD、COUR、SCOR加入到数据库KS4中。

（3）为STUD表建立主索引，索引名和索引表达式均为"学号"；为"COUR"表建立主索引，索引名和索引表达式均为"课程编号"。为SCOR表建立两个普通索引，其中一个索引名和索引表达式均为"学号"；另一个索引名和索引表达式均为"课程编号"。

（4）在以上建立的各个索引的基础上为三个表建立联系。

★★

第 10 题

（1）从数据库 stock 中移去表 stock-fk（不是删除）。

（2）将自由表 stock-name 添加到数据库中。

（3）为表 stock-sl 建立一个普通索引，索引名和索引表达式均为"股票代码"。

（4）为 stock-name 表的"股票代码"字段设置有效性规则，规则是："left（股票代码,1）="6""，错误提示信息是"股票代码的第一位必须是 6"。

★★

第 11 题

（1）建立数据库 books.dbc，将自由表 zo.dbf 和 book.dbf 添加到该数据库中。

（2）为 zo.dbf 表建立主索引，索引名为"pn"，索引表达式为"作者号"。

（3）为 book.dbf 表分别建立两个普通索引，其一索引名为"tn"，索引表达式为"图书编号"；其二索引名和索引表达式均为"作者号"。

（4）建立 zo.dbf 表和 book.dbf 之间的联系。

★★★★★★★★★★★★★★★★★★★★★★★★★★★★★★★★★★★★★★

第 12 题

（1）根据 soce 数据库，使用查询向导建立一个包含学生"姓名"和"出生日期"的标准查询 query.qpr。

（2）从 soce 数据库中删除视图 new。

（3）用 SQL 命令向 score 表插入一条记录：学号为"981020"，课程号为"1015"，成绩为 78，并将命令保存在考生文件夹 sql.txt 中。

（4）打开表单 jd，向其中添加一个标题为"关闭"的命令按钮，名称为 command1，单击"关闭"按钮则关闭表单。

★★★★★★★★★★★★★★★★★★★★★★★★★★★★★★★★★★★★★★

第 13 题

（1）将"销售表"中的在 2000 年 12 月 31 日前（含 2000 年 12 月 31 日）的记录复制到一个新表"销售表 2001.dbf"中。

（2）将"销售表"中的日期（日期型字段段）在 2000 年 12 月 31 日前（含 2000 年 12 月 31 日）的记录物理删除。

（3）打开"商品表"使用 Browse 命令浏览时，使用"文件"菜单中的选项将"商品表"中的记录生成文件名为"商品表.htm"的 html 格式的文件。

（4）为"商品表"创建一个主索引，索引名和索引表达式均是"商品号"。为"销售表"创建一个普通索引（升序），索引名和索引表达式均是"商品号"。

★★★★★★★★★★★★★★★★★★★★★★★★★★★★★★★★★★★★★★

第 14 题

（1）在考生文件夹下建立数据库 KS7，并将自由表 SCOR 加入数据库中。

（2）按下面给出的表结构，给数据库添加表 STUD。

字段	字段名	类型	宽度	小数
1	学号	字符型	2	
2	姓名	字符型	8	
3	年龄	数值型	2	0
4	性别	字符型	2	
5	院系号	字符型	2	

　　（3）为表 STUD 建立主索引，索引名为"学号"，索引表达式为"学号"。为表 SCOR 建立普通索引，索引名为"学号"，索引表达式为"学号"。

　　（4）STUD 表和 SCOR 表中必要的索引已建立，为两表建立永久性的联系。

★★★★★★★★★★★★★★★★★★★★★★★★★★★★★★★★★★★★★

第 15 题

　　（1）打开数据库spxs及数据库设计器，其中的两个表bm和xs的必要的索引已经建立，为这两个表建立永久性联系。

　　（2）设置sp表中"产地"字段的默认值为"广东"。

　　（3）为dj表增加字段：优惠价格　N(8, 2)。

　　（4）如果所有商品的优惠价格是在现有单价基础上减少12%，计算所有商品的优惠价格。

★★★★★★★★★★★★★★★★★★★★★★★★★★★★★★★★★★★★★

第 16 题

　　（1）新建一个名为"学生"的数据库。

　　（2）将"学生"、"选课"和"课程"三个自由表添加到新建的数据库"学生"中。

　　（3）通过"学号"字段为"学生"表和"选课"表建立永久联系。

　　（4）为上面建立的联系设置参照完整性约束：更新和删除规则为"级联"，插入规则为"限制"。

★★★★★★★★★★★★★★★★★★★★★★★★★★★★★★★★★★★★★

第 17 题

　　（1）新建一个名为"图书馆管理"的项目。

　　（2）在项目中建一个名为"图书"的数据库。

　　（3）考生文件夹下的自由表 book，borr,loan 添加到图书数据库中。

　　（4）在项目中建立查询 qlx，查询 book 表中价格大于等于 75 的图书的所有信息，查询结果按"价格"降序排序。

★★★★★★★★★★★★★★★★★★★★★★★★★★★★★★★★★★★★★

第 18 题

　　（1）将考生文件夹下的自由表"积分"添加到数据库"员工管理"中。

　　（2）将数据库中的表"职称"移出，使之变为自由表。

　　（3）从数据库中永久性地删除数据库表"员工"，并将其从磁盘上删除。

　　（4）为数据库中的表"积分"建立候选索引，索引名称和索引表达式均为"姓名"。

★★★★★★★★★★★★★★★★★★★★★★★★★★★★★★★★★★★★★

第 19 题

（1）新建一个名为"项目 1"的项目文件。

（2）将数据库"供应产品"加入到新建的"项目 1"项目中。

（3）为"产品"表的数量字段设置有效性规则：数量必须大于 0 并且小于 400；错误提示信息是"数量在范围之外"。

（4）根据"产品编号"字段为"产品"表和"外型"表建立永久联系。

☆☆☆☆☆☆☆☆☆☆☆☆☆☆☆☆☆☆☆☆☆☆☆☆☆☆☆☆☆☆☆☆☆☆☆☆

第 20 题

（1）在考生文件夹下建立数据库 kehudb。

（2）把考生文件夹下的自由表 kehu 和 dinghuo 加入到刚建立的数据库中。

（3）为 kehu 表建立普通索引，索引名和索引表达式均为"客户编号"。

（4）为 dinghuo 表建立候选索引，索引名为 candi，索引表达式为"订单编号"。

☆☆☆☆☆☆☆☆☆☆☆☆☆☆☆☆☆☆☆☆☆☆☆☆☆☆☆☆☆☆☆☆☆☆☆☆

第 21 题

（1）创建一个新的项目"宿舍管理"。

（2）在新建立的项目中创建数据库"住宿人员"。

（3）在"住宿人员"数据库中建立数据表 student，表结果如下：

学号	字符型（7）
姓名	字符型（10）
住宿日期	日期型

（4）为新建立的 student 表创建一个主索引，索引名和索引表达式均为"学号"。

☆☆☆☆☆☆☆☆☆☆☆☆☆☆☆☆☆☆☆☆☆☆☆☆☆☆☆☆☆☆☆☆☆☆☆☆

第 22 题

（1）打开"学生"数据库（该数据库中已经包含了 student 表），并将自由表 course 添加到该数据库中。

（2）在"学生"数据库中建立表 grade，表结构描述如下：

学号	字符型（7）
课程号	字符型（6）
考试成绩	整型

（3）为新建立的 grade 表建立一个普通索引，索引名和索引表达式均是"学号"。

（4）建立表 student 和表 grade 间的永久联系（通过"学号"字段）。

★★★★★★★★★★★★★★★★★★★★★★★★★★★★★★★★★★★★★★★

第 23 题

（1）打开"学生"数据库，将表 cource 表从数据库中移出，并永久删除。

（2）为表 grade 的考试成绩字段定义默认值为 0。

（3）为表 grade 的考试成绩字段定义约束规则：考试成绩>=0 and 考试成绩<=100，违背规则的提示信息是"考试成绩输入有误"。

（4）为表 student 添加字段"班级"，字段数据类型为字符型（6）。

★★★★★★★★★★★★★★★★★★★★★★★★★★★★★★★★★★★★★★★

第 24 题

（1）在考生文件夹下建立项目myproject。

（2）把数据库STSC加入到myproject项目中。

（3）从xuesheng表中查询"建筑"系学生信息(xuesheng表全部字段)，按"学号"降序存入新表Newtable中。

（4）使用视图设计器在数据库中建立视图myView：视图包括xuesheng表全部字段（字段顺序和xuesheng表一样）和全部记录，记录按"学号"降序排序。

★★★★★★★★★★★★★★★★★★★★★★★★★★★★★★★★★★★★★★★

第 25 题

（1）在数据库salarydb中建立表部门，表结构如下：

字段名	类型	宽度
部门号	字符型	6
部门名	字符型	20

随后在表中输入5条记录，记录内容如下：

部门号	部门名
01	销售部
02	采购部
03	项目部
04	制造部
05	人事部

（2）为部门表创建一个主索引（升序），索引名为"dep"，索引表达式为"部门号"。

（3）通过"部门号"字段建立salarys表和部门表间的永久联系。

（4）为以上建立的联系设置参照完整性约束：更新规则为"限制"；删除规则为"级联"；插入规则为"忽略"。

☆☆☆☆☆☆☆☆☆☆☆☆☆☆☆☆☆☆☆☆☆☆☆☆☆☆☆☆☆☆☆☆☆☆☆☆☆☆

第 26 题

（1）在考生文件夹下建立项目销售。

（2）把考生文件夹中的数据库客户加入销售项目中。

（3）为客户数据库中"客户联系"表增加字段：传真C(16)。

（4）为客户数据库中定货表"送货方式"字段设计默认值为"公路"。

☆☆☆☆☆☆☆☆☆☆☆☆☆☆☆☆☆☆☆☆☆☆☆☆☆☆☆☆☆☆☆☆☆☆☆☆☆☆

第 27 题

（1）在考生文件夹下建立数据库"学籍"。

（2）把自由表student、score加入到学籍数据库中。

（3）在学籍数据库中建立一视图 myview，要求显示表 score 中的全部字段（按表 score 中的顺序）和所有记录。

（4）为student表建立主索引，索引名和索引表达式均为学号。

☆☆☆☆☆☆☆☆☆☆☆☆☆☆☆☆☆☆☆☆☆☆☆☆☆☆☆☆☆☆☆☆☆☆☆☆☆☆

第 28 题

（1）将or_det、or_list和custo表添加到数据库"定货"中。

（2）为or_list表创建一个普通索引，索引名和索引表达式均是"客户号"。

（3）建立表or_list和表custo间的永久联系（通过"客户号"字段）。

（4）为以上建立的联系设置参照完整性约束：更新规则为"限制"，删除规则为"级联"，插入规则为"限制"。

☆☆☆☆☆☆☆☆☆☆☆☆☆☆☆☆☆☆☆☆☆☆☆☆☆☆☆☆☆☆☆☆☆☆☆☆☆☆

第 29 题

（1）建立项目 myproject。

（2）将数据库"客户"添加到项目中。

（3）将数据库客户中的数据库表"定货"从数据库中移去（注意，不是删除）。

（4）将考生文件夹中的表单 myform 的背景色改为蓝色。

☆☆☆☆☆☆☆☆☆☆☆☆☆☆☆☆☆☆☆☆☆☆☆☆☆☆☆☆☆☆☆☆☆☆☆☆☆☆

第 30 题

（1）将自由表 book 添加到数据库"书籍"中。

（2）将 book 中的记录拷贝到数据库"书籍"中的另一表 books 中。

（3）使用报表向导建立报表 myreport。报表显示 book 中的全部字段，无分组记录，样式为"简报式"，列数为 2，方向为"横向"。按"价格"升序排序，报表标题为"书籍浏览"。

（4）用一句命令显示一个对话框，要求对话框只显示"word"一词，且只含一个确定按钮。将该命令保存在 mycomm.txt 中。

★★★

第 31 题

（1）建立项目文件 myproject。
（2）在项目中建立数据库 mydb。
（3）把考生文件夹中的表单 myform 的"退出"按钮标题修改为"选择"。
（4）将 myform 表单添加到项目中。

★★★

第 32 题

（1）将数据库"学籍"添加到项目"项目 1"中。
（2）永久删除数据库中的表"课程"。
（3）将数据库中表"选课"变为自由表。
（4）为表"学生"建立主索引，索引名和索引表达式均为"学号"。

★★★

第 33 题

对考生文件夹中的"学生"表使用 SQL 语句完成下列四道题目，并将 SQL 语句保存在 mytxt.txt 中。
（1）用 select 语句查询所有住在 2 楼的学生的全部信息（"宿舍"字段的第一位是楼层号）。
（2）用 inset 语句为"学生"表插入一条记录（S10，胡飞，男，23，5，402）。
（3）用 delete 语句将"学生"表中学号为 S7 的学生的记录删除。
（4）用 update 语句将"学生"表中所有人的年龄加一岁。

★★★

第 34 题

（1）建立项目文件，名为 proj。
（2）将数据库"客户"添加到新建立的项目当中。
（3）建立自由表 mytable（不要求输入数据），表结构为：

考号	字符型（7）
考生姓名	字符型（8）
考试成绩	整型

（4）修改表单 myform，将其标题改为"告诉你时间"。

★★

第 35 题

（1）将数据库"学籍"添加到项目文件"项目"中。

（2）将自由表"book"添加到"学籍"数据库中。

（3）建立数据库表"课程"与"选课"之间的关联（两表的索引已经建立）。

（4）为 3 题中的两个表之间的联系设置完整性约束，要求"更新"规则为"忽略"，"删除"规则和"插入"规则均为"限制"。

★★

第 36 题

（1）为数据库 score_manager 中的表 student 建立主索引，索引名称和索引表达式均为"学号"。

（2）建立表 student 和表 score 之间的关联。

（3）为 student 和 score 之间的关联设置完整性约束，要求更新规则为"级联"，删除规则为"忽略"，插入规则为"限制"。

（4）设置表 cource 的字段"学分"的默认值为 2。

★★

第 37 题

（1）将考生文件夹下的自由表"商品表"添加到数据库"客户"中。

（2）将表"定货"的记录拷贝到表"商品"中。

（3）对数据库客户下的表 custo，使用报表向导建立报表 myreport，要求显示表 custo 中的全部记录，无分组，报表样式使用"经营式"，列数为 2，方向为"纵向"，按"定单号"排序，报表标题为"定货浏览"。

（4）对数据库客户下的表"定货"和"客户联系"，使用视图向导建立视图 myview，要求显示出"定货"表中的字段"定货编号"、"客户编号"、"金额"和"客户联系"表中的字段"公司名称"，并按"金额"排序（升序）。

★★

第 38 题

（1）将数据库"图书借阅"添加到新建立的项目当中。

（2）建立自由表 publisher（不要求输入数据），表结构为：

出版社	字符型（50）
地址	字符型（50）
传真	字符型（15）

（3）将新建立的自由表 publisher 添加到数据库"图书借阅"中。

（4）为数据库图书借阅中的表 borrows 建立唯一索引，索引名称为和索引表达式均为"借书证号"。

☆☆☆☆☆☆☆☆☆☆☆☆☆☆☆☆☆☆☆☆☆☆☆☆☆☆☆☆☆☆☆☆☆☆☆☆☆

第 39 题

（1）对数据库 salarydb 中的表"工资"使用表单向导建立一个简单的表单，要求显示表中的所有的字段，使用"标准"样式，按"部门号"降序排序，标题为"工资浏览"，并以文件名 MyForm 保存。

（2）修改表 modiform，为其添加一个命令按钮，标题为"修改"。

（3）把修改后的表单 modiform 添加到项目 project 中。

（4）建立简单的菜单 mymenu，要求有两个菜单项："关注"和"退出"。其中"关注"菜单项有子菜单"关注国家"和"关注世界"。"退出"菜单项负责返回到系统菜单，其他菜单项不做要求。

☆☆☆☆☆☆☆☆☆☆☆☆☆☆☆☆☆☆☆☆☆☆☆☆☆☆☆☆☆☆☆☆☆☆☆☆☆

第 40 题

（1）建立项目文件，文件名为 myproj。

（2）将数据库 student 添加到新建立的项目当中。

（3）从数据库 student 中永久性地删除数据库表"宿舍"，并将其从磁盘上删除。

（4）修改表单 form，将其"name"改为 myform。

☆☆☆☆☆☆☆☆☆☆☆☆☆☆☆☆☆☆☆☆☆☆☆☆☆☆☆☆☆☆☆☆☆☆☆☆☆

第 41 题

（1）将数据库 student 添加到项目 myrpoject 当中。

（2）在数据库 student 中建立数据库表"比赛"，表结构为：

场次	字符型（20）
时间	日期型
裁判	字符型（15）

（3）为数据库 student 中的表"宿舍"建立"候选"索引，索引名称为和索引表达式为"电话"。

（4）设置表"比赛"的字段"裁判"的默认值为"john"。

☆☆☆☆☆☆☆☆☆☆☆☆☆☆☆☆☆☆☆☆☆☆☆☆☆☆☆☆☆☆☆☆☆☆☆☆☆

第 42 题

（1）将表 book 的结构拷贝到新表 newtable 中。

（2）将表 book 的记录拷贝到表 newtable 中。

（3）建立简单的菜单 mymenu，要求有 2 个菜单项："查询"和"统计"。其中"查询"菜单项有子菜单"执行查询"和"退出"。"退出"子菜单项负责返回到系统子菜单，其他菜单项不做要求。

（4）为表 book 增加字段"封面设计"，类型和宽度为"字符型（8）"。

★★★★★★★★★★★★★★★★★★★★★★★★★★★★★★★★★★★★

第 43 题

（1）建立项目文件，名为 myproject。

（2）将数据库 rate 添加到新建立的项目当中。

（3）修改表单 myform，将其中的命令按钮删除。

（4）把表 myform 添加到项目 myproject 中。

★★★★★★★★★★★★★★★★★★★★★★★★★★★★★★★★★★★★

第 44 题

（1）将数据库"考试成绩"添加到项目 myproject 当中。

（2）对数据库"考试成绩"下的表 student，使用报表向导建立报表 myreport，要求显示表 student 中的全部字段，样式选择为"经营式"，列数为 3，方向为"纵向"，标题为 student。

（3）修改表 sc 的记录，为学号为"S2"的考生的成绩加五分。

（4）修改表单 myform，将其"选项按钮组"中的按钮的个数修改为 3 个。

★★★★★★★★★★★★★★★★★★★★★★★★★★★★★★★★★★★★

第 45 题

（1）为数据库 mydb 中的表"积分"增加字段"地址"，类型和宽度为"字符型（50）"。

（2）为表"积分"的字段"积分"设置有效性规则，要求积分值大于"1000（含 1000）"，否则提示信息"输入的积分值太少"。

（3）设置表"积分"的字段"地址"的默认值为"北京市中关村"。

（4）为表积分插入一条记录（张良，1800，服装公司，北京市中关村），并用 select 语句查询表积分中的"积分"在"1500 以上（含 1500）"的记录，将 SQL 语句存入 mytxt.txt 中。

★★★★★★★★★★★★★★★★★★★★★★★★★★★★★★★★★★★★

第 46 题

（1）建立名为"项目"的项目文件，。

（2）将数据库"书籍"添加到新建立的项目当中。

（3）为数据库中的表 authors 建立主索引，索引名称和索引表达式均为"作者编号"；为 books 建立普通索引，索引名和索引表达式均为"作者编号"。

（4）建立表 authors 和表 books 之间的关联。

✫✫✫✫✫✫✫✫✫✫✫✫✫✫✫✫✫✫✫✫✫✫✫✫✫✫✫✫✫✫✫✫✫✫✫✫✫

第 47 题

（1）将数据库 student 添加到项目 project 中。

（2）修改表单 form1，将其中的标签的字体大小修改为 15。

（3）把表单 from1 添加到项目 project 中。

（4）为数据库 student 中的表"宿舍"建立"唯一索引"，索引名称为"telp"，索引表达式为"电话"。

✫✫✫✫✫✫✫✫✫✫✫✫✫✫✫✫✫✫✫✫✫✫✫✫✫✫✫✫✫✫✫✫✫✫✫✫✫

第 48 题

（1）建立表"定货"和表"客户"之间的关联。

（2）为 1 题中建立的的关联设置完整性约束，要求：更新规则为"级联"，删除规则为"忽略"，插入规则为"限制"。

（3）将表"客户"的结构拷贝到新表 custo 中。

（4）把表 custo 添加到项目 proj 中。

✫✫✫✫✫✫✫✫✫✫✫✫✫✫✫✫✫✫✫✫✫✫✫✫✫✫✫✫✫✫✫✫✫✫✫✫✫

第 49 题

（1）建立项目文件，文件名为 myproject。

（2）将数据库"职工管理"添加到的项目中。

（3）为数据库中的表"员工"建立"候选索引"，索引名称为和索引表达式均为"职工编码"。

（4）为"员工"表和"职称"表之间的关联设置完整性约束，要求：更新规则为"级联"，删除规则为"限制"，插入规则为"忽略"。

✫✫✫✫✫✫✫✫✫✫✫✫✫✫✫✫✫✫✫✫✫✫✫✫✫✫✫✫✫✫✫✫✫✫✫✫✫

第 50 题

（1）将数据库 SJ_YG 添加到项目"项目 1"中。

（2）对数据库 SJ_YG 下的表"出勤情况"，使用视图向导建立视图"视图 1"，要求显示出表"出勤情况"中的记录"姓名"，"出勤次数"和"迟到次数"。并按"姓名"排序（升序）。

（3）为表"员工档案"的字段"工资"设置完整性约束，要求"工资>=0"，否则提示信息"输入工资出错"。

（4）设置表"员工档案"的字段"工资"的默认值为"1000"。

★★★★★★★★★★★★★★★★★★★★★★★★★★★★★★★★★★★★★

第 51 题

（1）将数据库"医院管理"添加到项目"项目 1"中。

（2）从数据库"医院管理"中永久性地删除数据库表"处方"，并将其从磁盘上删除。

（3）将数据库医院管理中的表"医生"移出，使之变为自由表。

（4）为数据库中的表"药"建立主索引，索引名称为"ybh"，索引表达式为"药编号"。

★★★★★★★★★★★★★★★★★★★★★★★★★★★★★★★★★★★★★

第 52 题

（1）建立项目文件，文件名为 myproject。

（2）将数据库"毕业生管理"添加到项目中。

（3）将考生文件夹下的自由表 add 添加到数据库中。

（4）建立表 add 和表 sco 之间的关联。

★★★★★★★★★★★★★★★★★★★★★★★★★★★★★★★★★★★★★

第 53 题

（1）将数据库"员工管理"添加到项目"项目 1"中。

（2）对数据库"员工管理"下的表"职称"，使用视图向导建立视图"视图 1"，要求显示出表中的全部字段，并按"职称代码"排序（升序）。

（3）将表"员工"中"职称代码"字段的默认值设置为"1"。

（4）为表"员工"的字段"工资"设置有效性规则，要求工资至少在 1000（含）以上，否则提示信息"工资太少了"。

★★★★★★★★★★★★★★★★★★★★★★★★★★★★★★★★★★★★★

第 54 题

（1）为数据库"员工管理"中的表"职称"建立主索引，索引名称和索引表达式均为"职称代码"。

（2）为数据库"员工管理"中的表"员工"建立普通索引，索引名称和索引表达式为"职称代码"。

（3）建立表"员工"和表"职称"之间的关联。

（4）为（3）中建立的关联设置完整性约束。

要求：更新规则为"限制"，删除规则为"级联"，插入规则为"忽略"。

★★★★★★★★★★★★★★★★★★★★★★★★★★★★★★★★★★★★★

第 55 题

（1）建立项目文件，文件名为 myproject。

（2）将数据库"员工管理"添加到项目"myproject"中。

（3）将考生文件夹下的自由表"员工"添加到数据库"员工管理"中。

（4）将表"员工"的字段"工资"从表中删除。

★★★

第 56 题

（1）将考生文件夹下的自由表"产品"添加到数据库"产品管理"中。

（2）将数据库"产品管理"中的表"产品类型"移出，使之变为自由表。

（3）从数据库"产品管理"中永久性地删除数据库表"商品表"，并将其从磁盘上删除。

（4）为数据库"产品管理"中的表"产品"建立候选索引，索引名称为"prod"，索引表达式为"商品编码"。

★★★

第 57 题

（1）为表"商品表"增加字段"供应商"，类型和宽度为"字符型（30）"。

（2）将表"商品表"的字段"产地"从表中删除。

（3）设置字段"供应商"的的默认值为"海尔"。

（4）建立简单的菜单 mymenu，要求有 2 个菜单项："开始"和"结束"。其中"开始"菜单项有子菜单"计算"和"统计"。"结束"菜单项使用 set sysmenu to default 负责返回到系统菜单。

★★★

第 58 题

（1）建立项目文件，文件名为"项目 1"。

（2）在项目"项目 1"中建立数据库，文件名为 mydb。

（3）建立自由表"mytable"（不要求输入数据），表结构为：

学号	字符型（5）
课程号	字符型（5）
成绩	数值型（5，2）

（4）将考生文件夹下的自由表"mytable"添加到数据库"mydb"中。

★★★

第 59 题

（1）将考生文件夹下的自由表"职工"添加到数据库"仓库管理"中。

（2）将数据库"仓库管理"中的表"供应商"移出，使之变为自由表。

（3）为数据库中的表"订单"建立主索引，索引名称为"order"，索引表达式为"订购单号"。

（4）修改表单"myform"，使表单运行时自动位于屏幕中央。

★★★★★★★★★★★★★★★★★★★★★★★★★★★★★★★★★★★★★★★

第 60 题

（1）将数据库医院管理下的表"处方"的结构拷贝到新表"mytable"中。

（2）将表"处方"中的记录拷贝到表 mytable 中。

（3）对数据库"医院管理"中的表"医生"使用表单向导建立一个简单的表单，文件名为 mytable，要求显示表中的字段"职工号"、"姓名"和"职称"，表单样式为"凹陷式"，按钮类型为"文本按钮"，按"职工号"升序排序，表单标题为"医生浏览"。表单运行结果如下图所示。

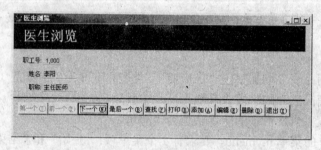

（4）把表单"myform"添加到项目"myproj"中。

★★★★★★★★★★★★★★★★★★★★★★★★★★★★★★★★★★★★★★★

第 61 题

（1）建立项目文件，文件名为 proj。

（2）在项目中建立数据库，文件名为 db1。

（3）修改表单"form1"，将其标题改为"修改后的表单"。

（4）把表单"form1"添加到项目"proj"中。

★★★★★★★★★★★★★★★★★★★★★★★★★★★★★★★★★★★★★★★

第 62 题

（1）将考生文件夹下的自由表"list"添加到数据库"毕业生管理"中。

（2）将数据库"毕业生管理"中的表"add"移出，使之变为自由表。

（3）从数据库"毕业生管理"中永久性地删除数据库表"sco"，并将其从磁盘上删除。

（4）为数据库"毕业生管理"中的表"list"建立普通索引，索引名称为"je"，索引表达式为"总金额"。

★★★★★★★★★★★★★★★★★★★★★★★★★★★★★★★★★★★★★★★

第 63 题

（1）用 select 语句查询表"购买"中"会员号"为"C1"的记录。

（2）用 insert 语句为表"购买"插入一条记录（C3，201，2，3600，03/30/03）。

（3）用 delete 将表"购买"中单价在 3000（含）以下的记录删除。

（4）用 update 将"购买"表的字段"日期"加上 7 天。

将以上操作使用的 SQL 语句保存到 mytxt.txt 中。

☆☆☆☆☆☆☆☆☆☆☆☆☆☆☆☆☆☆☆☆☆☆☆☆☆☆☆☆☆☆☆☆☆☆☆

第 64 题

（1）建立项目文件，文件名为"项目 1"。

（2）在项目"项目 1"中建立数据库，文件名为 database1。

（3）将考生文件夹下的自由表"购买"添加到数据库"database1"中。

（4）为（3）中的表建立侯选索引，索引名称和索引表达式均为"商品号"。

☆☆☆☆☆☆☆☆☆☆☆☆☆☆☆☆☆☆☆☆☆☆☆☆☆☆☆☆☆☆☆☆☆☆☆

第 65 题

（1）将考生文件夹下的自由表"学生"添加到数据库"学籍"中。

（2）从数据库"学籍"中永久性地删除数据库表"课程"，并将其从磁盘上删除。

（3）为数据库"学生"中的表"学号"建立主索引，索引名称和索引表达式均为"学号"，为数据库中的表"选课"建立普通索引，索引名称为"cod"，索引表达式为"学号"。

（4）建立表"学生"和表"选课"之间的关联。

☆☆☆☆☆☆☆☆☆☆☆☆☆☆☆☆☆☆☆☆☆☆☆☆☆☆☆☆☆☆☆☆☆☆☆

第 66 题

（1）对项目"项目 1"中的数据库"mydb"下的表"选课"使用表单向导建立一个简单的表单 myform2，要求显示表中的全部字段，样式为"阴影式"，按钮类型为"图片按钮"，按"学号"升序排序，表单标题为"成绩浏览"。

（2）修改表单"myform"，为其添加一个命令按钮，标题为"调用"。

（3）编写表单 myform 中"调用"按钮的相关事件，使得单击"调用"按钮调用表单 myform2。表单及调用表单运行结果如下图所示。

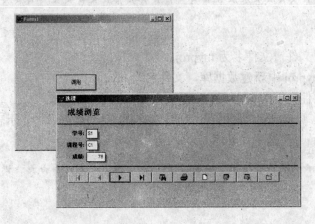

（4）把表单"myform"添加到项目"项目 1"中。

★★

第 67 题

（1）建立项目文件，文件名为"项目 1"。

（2）在项目"项目 1"中建立数据库，文件名为 db。

（3）将考生文件夹下的自由表"产品"添加到数据库"db"中。

（4）对数据库"db"下的表"产品"，使用视图向导建立视图"myview"，要求显示出表中的所有字段。并按"供应商编号"排序（升序）。

★★

第 68 题

（1）将考生文件夹下的自由表"产品类型"添加到数据库"数据库 1"中。

（2）为表"产品类型"插入一条记录（8001，床上用品）。

（3）删除表"产品类型"中分类编码为"3001"的记录。

（4）修改表"产品类型"的字段"种类名称"，在"种类名称"字段值后加上一个"类"字。

将（2）（3）（4）所用到的 SQL 语句保存到 mytxt.txt 中。

★★

第 69 题

（1）建立项目文件，文件名为"项目 1"。

（2）将数据库"支出"添加到项目"项目 1"中。

（3）建立简单的菜单"菜单 1"，要求有 2 个菜单项："查询"和"退出"。其中"退出"菜单项负责返回到子菜单，对"查询"菜单项不做要求。

（4）书写简单的命令程序 myprog，显示对话框，对话框内容为"hello"，对话框上只有一个确定按钮。将该程序保存在 mytxt.txt 中。

★★

第 70 题

（1）建立项目文件，文件名为 myproj。

（2）在项目 myproj 中新建数据库，文件名为 mydb。

（3）将考生文件夹下的自由表"商品表"添加到数据库中。

（4）对数据库 "mydb"，使用视图向导建立视图"myview"，显示表"商品表"中所有字段，并按"商品号"排序（升序）。

★★

第 71 题

（1）将考生文件夹下的自由表"商品"添加到数据库"mydb"中。

（2）将表"商品"的字段"出厂单价"从表中删除。

（3）修改表"商品"的记录，将单价乘以 110%。

（4）用 select 语句查询表中的产地为"广东"的记录。

将（3）（4）中所用的 SQL 语句保存到 mytxt.txt 中。

★★★★★★★★★★★★★★★★★★★★★★★★★★★★★★★★★★★★★

第 72 题

（1）对数据库"mydb"下的表"商品"，使用查询向导建立查询"查询1"，要求查询表中的单价在 1000（含）元以上的记录。

（2）为表"商品"增加字段"利润"，类型和宽度为数值型（8，2）。

（3）为表"利润"的字段设置有效性规则，要求利润>=0，否则提示信息"这样的输入无利可图"。

（4）设置表"商品"的字段利润的默认值为"单价-出厂单价"。

★★★★★★★★★★★★★★★★★★★★★★★★★★★★★★★★★★★★★

第 73 题

（1）建立项目文件，文件名为"项目1"。

（2）在项目"项目1"中建立数据库，文件名为 mydb。

（3）在数据库"mydb"中建立数据库表"mytable"，不要求输入数据。表结构如下：

路线号	字符型（8）
司机	字符型（8）
首班时间	日期时间型
末班时间	日期时间型

（4）建立简单的菜单 mymenu，要求有 2 个菜单项："开始"和"结束"。其中"开始"菜单项有子菜单"统计"和"查询"。"结束"菜单项负责返回到系统菜单。

★★★★★★★★★★★★★★★★★★★★★★★★★★★★★★★★★★★★★

第 74 题

（1）将考生文件夹下的自由表"course"添加到数据库"score_manager"中。

（2）设置表"course"的字段"学分"的默认值为"2"。

（3）更新表"score1"的记录，为每个人的成绩加上十分，将使用的 SQL 语句保存到 mytxt.txt 中。

（4）修改表单"myform"，将其 Caption 修改为"我的表单"。

★★★★★★★★★★★★★★★★★★★★★★★★★★★★★★★★★★★★★★★

第 75 题

（1）建立项目文件，文件名为"项目 1"。

（2）在项目"项目 1"中建立数据库，文件名为"数据库 1"。

（3）建立自由表"mytable"（不要求输入数据），表结构为：

教室号	字符型（4）
座位数	整型

（4）将数据库"毕业生管理"中的表"学生_ADD"移出，使之变为自由表。

★★★★★★★★★★★★★★★★★★★★★★★★★★★★★★★★★★★★★★★

第 76 题

（1）建立项目文件，文件名为 project1。

（2）将数据库"员工管理"添加到项目"project1"中。

（3）在数据库中建立数据库表"mytable"，表结构为：

员工编码	字符型（6）
毕业院校	字符型（30）

（4）建立简单的菜单 mynenu，要求有 2 个菜单项："运行"和"退出"。其中"退出"菜单项负责返回到系统菜单，对"运行"菜单项不做要求。

★★★★★★★★★★★★★★★★★★★★★★★★★★★★★★★★★★★★★★★

第 77 题

（1）将考生文件夹下的数据库"积分管理"中的表"积分"拷贝到表"积分 2"中（拷贝表结构和记录）。

（2）将表"积分 2"的添加到数据库"积分管理"中。

（3）对数据库"积分管理"下的表"积分"，使用视图向导建立视图"myview"，要求显示出表中的所有字段，并按"积分"排序（降序）。

（4）修改表单 myform，将其中选项按钮组中的两个按钮的标题属性分别设置为"学生"和"教师"。

★★★★★★★★★★★★★★★★★★★★★★★★★★★★★★★★★★★★★★★

第 78 题

（1）建立项目文件，文件名为"项目 1"。

（2）将数据库"图书借阅"添加到项目中。

（3）建立自由表"newtable"（不要求输入数据），表结构为：

朋友姓名	字符型（8）
电话	字符型（15）
性别	逻辑型

（4）将考生文件夹下的自由表"newtable"添加到数据库"图书借阅"中。

★★

第 79 题

（1）将考生文件夹下的自由表"list"添加到数据库"数据库1"中。

（2）为表"list"增加字段"经手人"，类型和宽度为字符型（10）。

（3）设置字段经手人的默认值为"john"。

（4）为表"list"的字段"经手人"设置有效性规则，要求经手人不为空值，否则提示信息"输入经手人"。

★★

第 80 题

（1）从项目"项目1"中移去数据库"图书借阅"（只是移去，不是从磁盘上删除）。

（2）建立自由表"teacher"（不要求输入数据），表结构为：

教师号	字符型（6）
公寓号	字符型（8）
工资	货币型

（3）将考生文件夹下的自由表"teacher"添加到数据库"图书借阅中"中。

（4）从数据库中永久性地删除数据库表"borrows"，并将其从磁盘上删除。

★★

第 81 题

（1）建立项目文件，文件名为 myproject。

（2）将数据库"salarys"添加到项目中。

（3）对数据库下的表"工资"，使用视图向导建立视图"视图1"，要求显示出表中"部门号"为1的记录中的所有字段。

（4）建立简单的菜单 mymenu，要求有2个菜单项："开始"和"结束"。其中单击"结束"菜单项将使用 set sysmenu to default 返回到系统菜单。

★★

第 82 题

（1）将考生文件夹下的自由表"yuangong"添加到数据库"仓库管理"中。

（2）对数据库下的表"职工"，使用视图向导建立视图"view1"，要求显示出表中的全部记录的所有字段，并按"工资"排序（降序）。

（3）在"职工"表中插入一条记录("WH3","E10",1550)。

（4）修改表单"myform"，将其改为背景色改为"红色"。

✫✫

第 83 题

（1）将数据库"仓库管理"中的表"职工"移出，使之成为自由表。

（2）为表"仓库"增加字段"高度"，类型和宽度为数值型（4，2）。

（3）设置表"仓库"的字段"高度"的默认值为"10"。

（4）为表"仓库"插入一条记录（"WH11","河南",610,10.0）。

✫✫

第 84 题

（1）建立项目文件，文件名为"项目 1"。

（2）将数据库"员工管理"添加到项目中。

（3）建立自由表"zhuanji"（不要求输入数据），表结构为：

专辑名称	字符型（30）
歌手	字符型（16）
曲目数	整型
价格	货币型

（4）建立简单的菜单 mymenu，要求有 2 个菜单项："计算"和"关闭"。其中"计算"菜单项有子菜单"统计"和"分组"。选择"关闭"菜单项返回到系统菜单。

✫✫

第 85 题

（1）建立项目文件，文件名为 proj。

（2）将数据库"share"添加到项目中。

（3）对数据库"share"下的表"数量"，使用查询向导建立查询"myquery"，要求查询出"数量"表中"持有数量"在 2500 以上的记录。并按"持有数量"排序（升序）。

（4）用 select 语句查询表股票中的汉语拼音以"p"开头的记录，将使用的 SQL 语句保存在 mytxt.txt 中。

✫✫

第 86 题

（1）将考生文件夹下的自由表"zhiban"添加到数据库"student"中。

（2）建立表"宿舍"和表"学生"之间的关联（两表的索引已经建立）。

（3）为（2）中建立的关联完整性约束，要求：更新规则为"级联"，删除规则为"忽略"，插入规则为"限制"。

（4）修改表单"表单 1"，为其添加一个标签控件，并修改标签的标题为"我是一个标签"。

★★★★★★★★★★★★★★★★★★★★★★★★★★★★★★★★★★★★★★★

第 87 题

（1）将考生文件夹下的自由表"宿舍"添加到数据库"student"中。

（2）为数据库中的表"宿舍"建立主索引，索引名称和索引表达式均为"宿舍"。

（3）建立表"宿舍"和表"学生"之间的关联。

（4）为（3）中建立的关联设置完整性约束，要求：更新规则为"级联"，删除规则为"级联"，插入规则为"限制"。

★★★★★★★★★★★★★★★★★★★★★★★★★★★★★★★★★★★★★★★

第 88 题

（1）建立项目文件，文件名为"项目 1"。

（2）在项目"项目 1"中建立数据库，文件名为 mydb。

（3）对数据库"医院管理"中的表"处方"使用表单向导建立一个简单的表单 myform，要求表单样式为"阴影式"，按钮类型为"图片按钮"，排序字段为"处方号"，设置表单标题为"处方查看"，表单运行结果如下图所示。

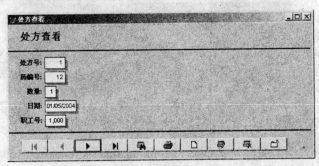

（4）把表单"myform"添加到项目"项目 1"中。

★★★★★★★★★★★★★★★★★★★★★★★★★★★★★★★★★★★★★★★

第 89 题

（1）将考生文件夹下的自由表"books"添加到数据库"书籍"中。

（2）为数据库"书籍"中的表"authors"建立主索引，索引名称为"作者"，索引表达式为"作者编号"。

23

（3）为数据库中的表"books"建立普通索引，索引名称为"作者"，索引表达式为"作者编号"。

（4）设置表"books"的字段页数可以为空值。

★★★★★★★★★★★★★★★★★★★★★★★★★★★★★★★★★★★★★★

第90题

（1）建立自由表"building"（不要求输入数据），表结构为：

大楼编号	字符型（8）
楼层数	整型
均价	货币型

（2）用 insert 语句为表"building"插入一条记录（0001，8，3000），将使用的 SQL 语句保存到 mytxt.txt 中。

（3）对表"building"使用表单向导建立一个简单的表单 myform，要求表单样式为"边框式"，按钮类型为"文本按钮"，排序字段为"大楼编号"，设置表单标题为"楼房简介"，表单运行结果如下图所示。

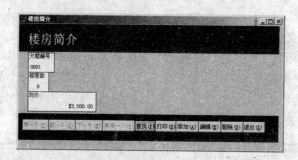

（4）把表单"myform"添加到项目"myproj"中。

★★★★★★★★★★★★★★★★★★★★★★★★★★★★★★★★★★★★★★

第91题

（1）将数据库"图书借阅"添加到项目"myproj"中。

（2）为数据库"图书借阅"中的表"book"建立主索引，索引名称和索引表达式均为"图书登记号"；为表"loans"建立普通索引，索引名称为"bn"，索引表达式为"图书登记号"。

（3）建立表"book"和表"loans"之间的关联。

（4）对数据库下的表"borrows"，使用视图向导建立视图"myview"，要求显示出表中的全部记录，并按"系名"升序排序，同一系的按"借书证号"升序排序。

★★★★★★★★★★★★★★★★★★★★★★★★★★★★★★★★★★★★★★

第 92 题

（1）建立自由表"天气预报"（不要求输入数据），表结构为：

日期	日期型
城市	字符型（20）
最高温度	整型
最低温度	整型

（2）将表"kehu"的记录拷贝到表"kehu2"中。

（3）用 select 语句查询表"kehu"中的"所在地"在"上海"的记录，将查询结果保存在表 newtable 中。

（4）对表"kehu"使用表单向导建立一个简单的表单，要求样式为"石墙式"，按钮类型为"图片按钮"，标题为"客户"。表单运行结果如下图所示。

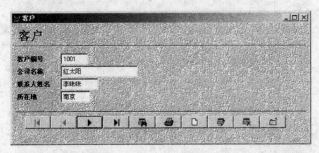

☆☆☆☆☆☆☆☆☆☆☆☆☆☆☆☆☆☆☆☆☆☆☆☆☆☆☆☆☆☆☆☆☆☆☆☆☆☆☆

第 93 题

（1）建立数据库BOOKAUTH.DBC，把表BOOKS.DBF和AUTHORS.DBF添加到该数据库。

（2）为AUTHORS表建立主索引，索引名PK，索引表达式"作者编号"。

（3）为BOOKS表分别建立两个普通索引，其一索引名为"RK"，索引表达式为"图书编号"；其二索引名和索引表达式均为"作者编号"。

（4）建立 AUTHORS 表和 BOOKS 表之间的联系。

☆☆☆☆☆☆☆☆☆☆☆☆☆☆☆☆☆☆☆☆☆☆☆☆☆☆☆☆☆☆☆☆☆☆☆☆☆☆☆

第 94 题

（1）建立一个名称为"外汇管理"的数据库。

（2）将表currency_sl.dbf和rate_exchange.dbf添加到新建立的数据库中。

（3）将表rate_exchange.dbf中"买出价"字段的名称改为"现钞卖出价"。

（4）通过"外币代码"字段建立表rate_exchange.dbf和currency_sl.dbf之间的一对多永久联系（相关索引需先建立）。

☆☆☆☆☆☆☆☆☆☆☆☆☆☆☆☆☆☆☆☆☆☆☆☆☆☆☆☆☆☆☆☆☆☆☆☆☆

第 95 题

（1）创建项目"问题大全"，并将考生文件夹下的"测试.prg"加入到该项目中。

（2）将考生文件夹下的"test.dbf"作为自由表添加到"问题大全"项目中。

（3）为表"test.dbf"创建唯一索引，索引名为"NO"，索引表达式为"问题编号"。

（4）将"日期"统一替换为"2007年5月1日"。

☆☆☆☆☆☆☆☆☆☆☆☆☆☆☆☆☆☆☆☆☆☆☆☆☆☆☆☆☆☆☆☆☆☆☆☆☆

第 96 题

（1）新建一个名为"学生管理"的项目文件。

（2）将"学生"数据库加入到新建的项目文件中。

（3）将"教师"表从"学生"数据库中移出，使其成为自由表。

（4）通过"学号"字段为"学生"和"选课"表建立永久联系（有关索引已经建立）。

☆☆☆☆☆☆☆☆☆☆☆☆☆☆☆☆☆☆☆☆☆☆☆☆☆☆☆☆☆☆☆☆☆☆☆☆☆

第 97 题

（1）为"雇员"表增加一个字段名为EMAIL、数据类型为"字符型"、宽度为"20"的字段。

（2）设置"雇员"表中"性别"字段的有效性规则，性别取"男"或"女"，默认值为"女"。

（3）在"雇员"表中，将所有记录的EMAIL字段值使用"部门号"的字段值加上"雇员号"的字段值再加上"@xxxx.com.cn"进行替换。

（4）通过"部门号"字段建立"雇员"表和"部门"表间的永久联系。

☆☆☆☆☆☆☆☆☆☆☆☆☆☆☆☆☆☆☆☆☆☆☆☆☆☆☆☆☆☆☆☆☆☆☆☆☆

第 98 题

（1）在考生文件夹下建立项目MARKET。

（2）在项目MARKET中建立数据库PROD_M。

（3）把考生文件夹中自由表CATEGORY和PRODUCTS加入到PROD_M数据库中。

（4）为CATEGORY表建立主索引，索引名为primarykey，索引表达式为"分类编码"；为PRODUCTS表建立普通索引，索引名为regularkey，索引表达式为"分类编码"。

☆☆☆☆☆☆☆☆☆☆☆☆☆☆☆☆☆☆☆☆☆☆☆☆☆☆☆☆☆☆☆☆☆☆☆☆☆

第 99 题

（1）用SQL INSERT语句插入记录 ("p7","PN7",1020)到"零件信息"表。

（2）用SQL DELETE语句从"零件信息"表中删除"单价"小于600的所有记录。

（3）用SQL UPDATE语句将"零件信息"表中零件号为p4的零件的单价更改为1090。

（4）打开菜单文件mymenu.mnx，生成可执行的菜单程序mymenu.mpr。

将（1）（2）（3）中使用的SQL语句保存到mytxt.txt中。

★★★

第100题

（1）将自由表rate_exchange和currency_sl添加到rate数据库中。

（2）为表rate_exchange建立一个主索引，为表currency_sl建立一个普通索引(升序)，两个索引的索引名和索引表达式均为"外币代码"。

（3）为表currency_sl设定有效性规则："持有数量<>0"，错误提示信息是"持有数量不能为0"。

（4）打开表单文件myform，修改"登录"命令按钮的有关属性，使其在表单运行时可以使用。

第二部分 简单应用题

简单应用题有 2 小题，每题 20 分，计 40 分。

☆☆☆☆☆☆☆☆☆☆☆☆☆☆☆☆☆☆☆☆☆☆☆☆☆☆☆☆☆☆☆☆☆☆☆☆☆☆

第 1 题

（1）根据考生文件夹下的 txl 表和 jsh 表建立一个查询 query2，查询出单位是"南京大学"的所有教师的"姓名"、"职称"、"电话"，要求查询去向是"表"，表名是 query2.dbf，并执行该查询。

（2）建立表单 enterf，表单中有两个命令按钮，按钮的名称分别为 cmdin 和 cmdout，标题分别为"进入"和"退出"。

☆☆☆☆☆☆☆☆☆☆☆☆☆☆☆☆☆☆☆☆☆☆☆☆☆☆☆☆☆☆☆☆☆☆☆☆☆☆

第 2 题

（1）在考生文件夹下建立数据库 sc2，将考生文件夹下的自由表 score2 添加进 sc2 中。根据 score2 表建立一个视图 score_view，视图中包含的字段与 score2 表相同，但视图中只能查询到"积分"小于等于 1500 的信息。利用新建立的视图查询视图中的全部信息，并将结果按积分升序存入表 v2。

（2）建立一个菜单 filemenu，包括两个菜单项"文件"和"帮助"，选择"文件"将激活子菜单，该子菜单包括"打开"、"存为"和"关闭"三个菜单项；"关闭"子菜单项用 Set Sysmenu To Default 命令返回到系统菜单，其他菜单项的功能不做要求。

☆☆☆☆☆☆☆☆☆☆☆☆☆☆☆☆☆☆☆☆☆☆☆☆☆☆☆☆☆☆☆☆☆☆☆☆☆☆

第 3 题

（1）使用"一对多表单向导"生成一个名为 sell_EDIT 的表单。要求从父表 DEPT 中选择所有字段，从子表 S_T 表中选择所有字段，使用"部门号"建立两表之间的关系，样式为"阴影式"；按钮类型为"图片按钮"；排序字段为部门号（升序）；表单标题为"数据输入维护"。运行结果如下图所示。

（2）在考生文件夹下打开命令文件 TWO.PRG，该命令文件用来查询各部门的分年度的"部门号"、"部门名"、"年度"、"全年销售额"、"全年利润"和"利润率"（全年利润/全年销售额），查询结果先按"年度"升序、再按"利润率"降序排序，并存储到 S_SUM 表中。

注意，程序在第 5 行、第 6 行、第 8 行和第 9 行有错误，请直接在错误处修改。修改时，不可改变 SQL 语句的结构和短语的顺序，不允许增加或合并行。

★★★★★★★★★★★★★★★★★★★★★★★★★★★★★★★★★★★★★★★

第 4 题

（1）编写程序"汇率.prg"，完成下列操作：根据"外汇汇率"表中的数据产生 rate 表中的数据。要求将所有"外汇汇率"表中的数据插入 rate 表中并且顺序不变，由于"外汇汇率"中的"币种 1"和"币种 2"存放的是"外币名称"，而 rate 表中的"币种 1 代码"和"币种 2 代码"应该存放"外币代码"，所以插入时要做相应的改动，"外币名称"与"外币代码"的对应关系存储在"外汇代码"表中。

注意：程序必须执行一次，保证 rate 表中有正确的结果。

（2）使用查询设计器建立一个查询文件 JGM.qpr。查询要求：外汇帐户中有多少"日元"和"欧元"。查询结果包括了"外币名称"、"钞汇标志"、"金额"，结果按"外币名称"升序排序，在"外币名称"相同的情况下按"金额"降序排序，并将查询结果存储于表 JG.dbf 中。

★★★★★★★★★★★★★★★★★★★★★★★★★★★★★★★★★★★★★★★

第 5 题

（1）使用 SQL 命令查询 2001 年（不含）以前进货的商品，列出其"分类名称"、"商品名称"和"进货日期"，查询结果按"进货日期"升序排序并存入文本文件 infor_aa.txt 中，所用命令存入文本文件 cmd_aa.txt 中。

（2）用 SQL UPDATE 命令为所有"商品编码"首字符是"3"的商品计算销售价格：销售价格为在进货价格基础上加 22.68%，并把所用命令存入文本文件 cmd_ab.txt 中。

★★★★★★★★★★★★★★★★★★★★★★★★★★★★★★★★★★★★★★★

第 6 题

（1）创建一个名为 sview 的视图，该视图的 select 语句查询 salary-db 数据库中 salarys 表（雇员工资表）的"部门号"、"雇员号"、"姓名"、"工资"、"补贴"、"奖励"、"失业保险"、"医疗统筹"和"实发工资"，其中"实发工资"由"工资"、"补贴"和"奖励"三项相加，再减去"失业保险"和"医疗统筹"得出，请按"部门号"降序排序，最后将定义视图的命令放到命令文件 salarys.prg 中并执行该程序。

（2）设计一个名为 Form 的表单，表单标题为"浏览工资"，表单式显示 salary-db 数据库中 salarys 表的记录，供用户浏览。在该表单的右下方有一个命令按钮，名称为 command1，标题为"退出"，当单击该按钮时退出表单。

运行结果如下图所示。

★★★

第 7 题

（1）根据考生文件夹下的 xx 表和 jd 表建立一个查询 cx，查询出单位是"福州大学"的所有教师的"姓名"、"职称"、"电话"，要求查询去向是表，表名是 cx.dbf，并执行该查询（"姓名"、"职称"取自表 jd，"电话"取自表 xx）。

（2）建立表单 bd，表单中有两个命令按钮，按钮的名称分别为 disp 和 quit，标题分别为"显示"和"退出"。

★★★

第 8 题

（1）在考生文件夹中有一个数据库 STSC，其中有数据库表 STUDENT、SCORE 和 COURSE，利用 SQL 语句查询选修了"网络工程"课程的学生的全部信息，并将结果按"学号"降序存放在 NETP.DBF 文件中（库的结构同 STUDENT，并在其后加入课程号和课程名字段）。

（2）在考生文件夹中有一个数据库 STSC，使用一对多报表向导制作一个名为 CJ2 的报表，存放在考生文件夹中。

要求：选择父表 STUDENT 表中"学号"和"姓名"字段，从子表 SCORE 中选择"课程号"和"成绩"，排序字段选择"学号"（升序），报表式样为"简报式"，方向为"纵向"。报表标题为"学生成绩表"。

★★★

第 9 题

对考生文件夹下的学生表、课程表和选课表进行如下操作：

（1）用 SQL 语句查询"课程成绩"在 70 分以上（包括 70 分）的学生姓名，并将结果按升序存入表文件 results.dbf 中，将 SQL 语句保存在考生文件夹下的 sql.txt 文本中。

（2）使用表单向导制作一个表单，要求选择"学生"表中的全部字段。表单样式为"彩色式"，按钮类型为"文本按钮"，排序字段选择"学号"（升序），表单标题为"学生信息浏览"，最后将表单保存为"myForm"。

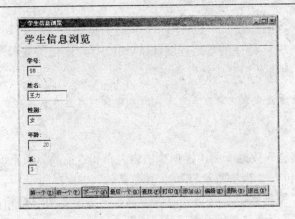

★★

第10题

（1）列出所有赢利（现价大于买入价）的"股票简称"、"现价"、"买入价"和"持有数量"，并将检索结果按"持有数量"降序排序存储于表 temp 中，将 SQL 语句保存在考生文件夹下的 temp.txt 中。

（2）使用一对多报表向导建立报表。要求：父表为 stock-name，子表为 stock-sl，从父表中选择字段："股票简称"；从子表中选择全部字段；两个表通过"股票代码"建立联系；按"股票代码"降序排序；报表样式为"经营式"；报表标题为："股票持有情况"；生产的报表文件名为 repo。

★★

第11题

（1）在考生文件夹下，有一个数据库 CADB，其中有数据库表 ZXKC 和 ZX。表结构如下：

ZXKC（产品编号，品名，需求量，进货日期）

ZX（品名，规格，单价，数量）

在表单向导中选取"一对多表单向导"创建一个表单。要求：从父表 zxkc 中选取字段"产品编号"和"品名"，从子表 zx 中选取字段"规格"和"单价"，表单样式选取"凹陷式"，按钮类型使用"图片按钮"，按"产品编号"降序排序，表单标题为"照相机"，最后将表单存放在考生文件夹中，表单文件名是 ddyForm。

运行结果如下图所示。

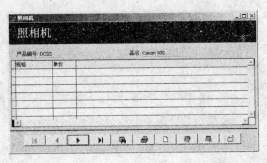

（2）在考生文件夹中有数据库 CADB，其中有数据库表 ZXKC 和 ZX。建立单价大于等于 800，按"规格"升序排序的本地视图 CAMELIST，该视图按顺序包含字段"产品编号"、"品名"、"规格"和"单价"。

★★★★★★★★★★★★★★★★★★★★★★★★★★★★★★★★★★★★★★

第 12 题

（1）在"商品销售"数据库中，根据"销售表"和"商品"表查询每种商品的"商品号"、"商品名"、"单价"、"销售数量"和"销售金额"（"商品号"和"商品名"取自"商品"表，"单价"和"销售数量"取自"销售"表，销售金额=单价*销售数量），按"销售金额"降序排序，并将查询结果保存到 jine 表中。

（2）在考生文件夹下有一个名称为 modi 的表单文件，该表单中两个命令按钮的 Click 事件中语句有误。请按如下要求进行修改，修改后保存所做的修改：

1）单击"刷新标题"按钮时，把表单的标题改为"商品销售数据输入"

2）单击"商品销售输入"命令按钮时，调用当前文件夹下的名称为 input 的表单文件打开数据输入表单。

表单运行结果如下图所示。

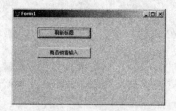 

★★★★★★★★★★★★★★★★★★★★★★★★★★★★★★★★★★★★★★

第 13 题

（1）在考生文件夹中有一个数据库 sj3，其中有数据库表 stu、sc3 和 co3。利用 SQL 语句查询选修了"高数"课程的学生的全部信息，并将结果按"学号"升序排序放在 st.dbf 中（库的结构同 stu，并在其后加入"课程号"和"课程名"字段）。

（2）在考生文件夹中有一个数据库 sj3，使用"一对多报表向导"制作一个名为 db3 的报表，存放在考生文件夹中。

要求：选择父表 stu 表中的"学号"和"姓名"字段，从子表 sc3 中选择"课程号"和"成绩"字段，排序字段选择"学号"（升序），报表样式为"简报式"，方向为"纵向"，报表标题为"成绩信息"。

★★★★★★★★★★★★★★★★★★★★★★★★★★★★★★★★★★★★★★

第 14 题

（1）用 SQL 语句完成下列操作：将选课在 5 门课程以上（包括 5 门）的学生的"学号"、"姓名"、"平均分"和"选课门数"按"平均分"降序排序，并将结果保存于表 stutemp 中，将 SQL 语句保存在 sql.txt 文本中。

（2）建立一个名为 menulin 的菜单，菜单中有两个菜单项"查询"和"退出"。"查询"菜单项下还有一个子菜单，子菜单有"按姓名"和"按学号"两个选项。单击"退出"菜单使程序返回到系统菜单。

☆☆☆☆☆☆☆☆☆☆☆☆☆☆☆☆☆☆☆☆☆☆☆☆☆☆☆☆☆☆☆☆☆☆☆☆

第 15 题

（1）在"医院管理"数据库中有"医生"表、"处方"表和"药"表。用 SQL 语句查询开了药物"康泰克"的医生的所有信息，将使用的 SQL 语句保存在 mytxt.txt 中。

（2）在考生文件夹下有一个数据库"医院管理"，其中有数据库表"医生"，在考生文件夹下设计一个表单 myForm，该表单为"医生"表的窗口输入界面，表单上还有一个标题为"退出"的按钮。单击该按钮，则退出表单。

运行结果如下图所示。

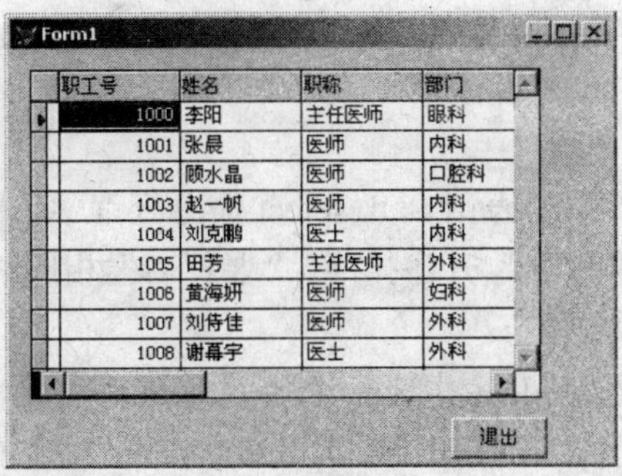

☆☆☆☆☆☆☆☆☆☆☆☆☆☆☆☆☆☆☆☆☆☆☆☆☆☆☆☆☆☆☆☆☆☆☆☆

第 16 题

（1）在考生文件夹下有一个学生数据库 sj16，其中有数据库表"学生资料"存放学生信息，使用菜单设计器制作一个名为 student 的菜单，菜单项包括"操作"和"文件"。每个菜单栏都包含有子菜单，"操作"菜单中包含"输出学生信息"子菜单、"文件"菜单中包括"打开"及"关闭"子菜单。其中选择"输出学生信息"子菜单应完成下列操作：打开数据库 sj6，使用 SQL 的 select 语句查询数据库表"学生资料"中的所有信息，关闭数据库。"关闭"菜单项对应的命令为 Set Sysmenu To Default，使之可以返回到系统菜单。"打开"菜单项不做要求。

（2）在考生文件夹下有一个数据库 x_date，其中有数据库表 x_stu、x_sc 和 x_co。用 SQL 语句查询"数据库"课程的考试成绩在 95 分以下（含 95 分）的学生的全部信息，并将结果按"学号"升序存入 xxb.dbf 文件中。

☆☆☆☆☆☆☆☆☆☆☆☆☆☆☆☆☆☆☆☆☆☆☆☆☆☆☆☆☆☆☆☆☆☆☆☆

第 17 题

（1）用 SQL 语句完成下列操作：列出所有与"红"颜色零件相关的信息（"供应商号"，"工程号"和"数量"），并将检索结果按"数量"降序存放于表 supplytemp 中，将 SQL

语句保存在 sql.txt 中。

（2）建立一个名为 menuquick 的快捷菜单，菜单中有两个菜单项"查询"和"修改"。在表单 myForm 中的 RightClick 事件中调用该快捷菜单。

★★★

第 18 题

（1）建立一个名为 mymenu 的菜单，菜单中有两个菜单项"运行"和"返回"。"运行"菜单项下还有两个子菜单"运行工具"和"运行文件"。在"退出"菜单项下创建一个过程，负责返回系统菜单，其他菜单项不做要求。

（2）根据数据库 student 中的表"住宿"和"学生"建立一个查询，该查询包含学生表中的字段"学号"和"姓名"及宿舍表中的字段"宿舍"和"电话"。要求按"学号"升序排序，并将查询保存为"myquery"。

★★★

第 19 题

（1）根据 school 数据库中的表用 SQL select 命令查询学生的"学号"、"姓名"、"课程名"和"成绩"，按结果"课程名"升序排序，"课程名"相同时按"成绩"降序排序，并将查询结果存储到 sclist 表中。

（2）使用表单向导下用 student 生成一个名为 course 的表单。要求选择 score 表中的所有字段，表单样式为"凹陷式"；按钮类型为"文本按钮"；排序字段选择"学号"（升序）；表单标题为"成绩数据维护"。

运行结果如下图所示。

★★★

第 20 题

（1）在考生文件夹中有一个数据库 SJ5，其中 XX 表结构如下：

XX（编号 C(4)，姓名 C(10)，性别 C(2)，工资 N(7 2)，年龄 N(2)，职称 C(10)）。

现在要对 XX 进行修改，指定"编号"为主索引，索引名和索引表达式均为"编号"。指定"职称"为普通索引，索引名和索引表达式均为"职称"。"年龄"字段的有效性规则在 30 至 70 之间，默认值为 50。

（2）在考生文件夹中有数据库 SJ5，其中有数据表 XX，在考生文件夹下设计一个表单，表单标题为"浏览"。该表单为 SJ5 中 XX 表的窗口式输入界面，并设置表格文件名为 inp，表单上还有一个名为 rele 的按钮，按钮标题为"退出"。单击该按钮，使用"ThisForm.Release"命令退出表单。最后将表单存放在考生文件夹中，表单名为 myForm。

运行结果如下图所示。

★★

第 21 题

（1）将"定货"表中的记录全部复制到"定货备份"表中，然后用 SQL SELECT 语句完成下列务：列出所有订购单的"订单号"、"订购日期"、"器件号"、"器件名"和"总金额"，并将结果存储到 result 表中（其中"订单号"、"订购日期"、"总金额"取自"货物"表，"器件号"和"器件名"取自"定货"表）。

（2）打开 mypro.prg 命令文件，该命令文件包含 3 条 SQL 语句，每条 SQL 语句中都有一个错误，请改正之（注意：在出现错误的地方直接改正，不可以改变 SQL 语句的结构和 SQL 短语的顺序）。

★★

第 22 题

（1）打开考生文件夹中的数据库中的数据库 STSC，使用表单向导制作一个表单，要求选择 STUDENT 表中所有字段，表单样式为"标准式"；按钮类型为定制的"滚动网格型"；表单标题为"学生信息浏览"；表单文件名为 myForm。

运行结果如下图所示。

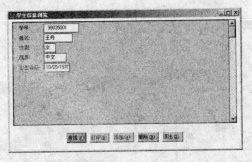

（2）在考生文件夹中有一个数据库 STSC，其中有数据库表 STUDENT 存放学生信息，使用菜单设计器制作一个名为 mymenu 的菜单，菜单包括"数据维护"和"退出"两个菜单栏。菜单结构为：数据维护（数据表格方式录入）、退出。其中：

● 数据表格式输入菜单项对应的过程包括下列 4 条命令：打开数据库 STSC 的命令，打开表 STUDENT 的命令，BROWSE 命令，关闭数据库的命令。

● 退出菜单项对应命令 Set Sysmenu To Default，使之可以返回到系统菜单。

☆☆☆☆☆☆☆☆☆☆☆☆☆☆☆☆☆☆☆☆☆☆☆☆☆☆☆☆☆☆☆☆☆☆☆☆

第 23 题

设计一个表单完成以下功能：

（1）表单上有一标签，表单运行时表单的 Caption 属性显示为系统时间，且表单运行期间标签标题动态显示当前系统时间。标签标题字体大小为 20，布局为"中央"，字体颜色为"红色"，标签"透明"。

（2）表单上另有三个命令按钮，标题分别为"红色"，"黄色"和"退出"。当单击"红色"命令按钮时，表单背景颜色变为红色；当单击"黄色"命令按钮时，表单背景颜色变为黄色；单击"退出"命令按钮表单退出。表单的 Name 属性和表单文件名均设置为 myForm，标题为"可控变色时钟"。

☆☆☆☆☆☆☆☆☆☆☆☆☆☆☆☆☆☆☆☆☆☆☆☆☆☆☆☆☆☆☆☆☆☆☆☆

第 24 题

（1）使用报表向导建立一个简单报表。要求选择"工资"表中所有字段；记录不分组；报表样式为"带区式"；列数为"3"；字段布局为"行"；方向为"横向"；排序字段为"部门号"（升序）；报表标题为"雇员工资浏览"；报表文件名为 myreport。

（2）在考生文件夹下有一个名称为 myForm 的表单文件，表单中的两个命令按钮的 Click 事件下的语句都有错误，其中一个按钮的名称有错误。请按如下要求进行修改，修改完成后保存所做的修改：

1）将按钮"察看雇员工资"名称修改为"查看雇员工资"。

2）单击"查看雇员工资"命令按钮时，使用 SELECT 命令查询工资表中所有字段信息供用户浏览。

3）单击"退出表单"命令按钮时，关闭表单。

运行结果如下图所示。

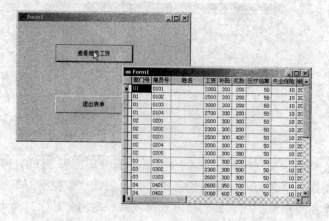

★★★

第 25 题

（1）用 SQL 语句查询课程成绩在 65 分以上的学生姓名，并将结果按姓名降序存入表文件 result.dbf 中。

（2）编写 myprog.prg 程序，实现的功能：先为"学生"表增加一个"平均成绩"字段，类型为 N（6，2），根据"选课"表统计每个学生的平均成绩，并写入"学生"表新的字段中，编写完成后，执行此程序。

★★★

第 26 题

（1）根据表"股票"和"数量"建立一个查询，该查询包含的字段有"股票代码"、"股票简称"、"买入价"、"现价"，"持有数量"和"总金额"（现价*持有数量），要求按"总金额"降序排序，并将查询保存为 myquery。

（2）打开 myprog 程序，该程序包含 3 条 SQL 语句，每条语句都有一个错误。请更正之。

★★★

第 27 题

（1）在考生文件夹下建立数据库积分管理，将考生文件夹下的自由表"积分"添加进"积分管理"数据库中。根据"成绩"表建立一个视图 myview，视图中包含的字段与"成绩"表相同，但视图中只能查询到积分小于等于 1800 的信息，结果按积分升序排序。

（2）新建表单 myForm，表单内含两个按钮，标题分别为"问好"和"退出"。单击"问好"按钮，弹出对话框显示"hello"；单击"退出"，关闭表单。

★★★

第 28 题

（1）在数据库"住宿管理"中使用一对多表单向导生成一个名为 myForm 的表单。要求从父表"宿舍"中选择所有字段，从子表"学生"表中选择所有字段，使用"宿舍"字段建立两表之间的关系，样式为"边框式"；按钮类型为"图片按钮"；排序字段为"宿舍"（升序）；表单标题为"住宿浏览"。

运行结果如下图所示。

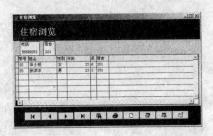

（2）编写 myprog 程序，要求实现用户可任意输入一个大于 0 的整数，程序输出该整数的阶乘。如用户输入的是 5，则程序输出为"5 的阶乘为：120"

★★

第 29 题

（1）设计表单 myForm，其中有两个按钮，标题分别为"报告"、"汇报"和"退出"。单击"报告"按钮，弹出对话框"您单击的是报告按钮"。单击"汇报"按钮，弹出对话框"您单击的是汇报按钮"。单击"退出"按钮则退出表单。

（2）根据 order1 表和 cust 表建立一个查询 query1，查询出所有所在地是"北京"的公司的"名称"、"订单日期"、"送货方式"，要求查询去向是表，表名是 query1.dbf，创建后执行该查询。

★★

第 30 题

（1）在考生文件夹中有一个 studb 数据库，其中包含了一个 student 表，表结构如下：
学生（学号 C(2)，姓名 C(8)，年龄 N(2)，性别 C(2)，院系号 C(2)）

现在要对 STUDENT 表进行修改，指定"学号"为主索引，索引名和索引表达式均为"学号"；指定"院系号"为"普通索引"，索引名和索引表达式均为"院系号"；年龄字段的有效性规则在 15 至 25 之间(含 15 和 25)，默认值是 18。

（2）列出客户名为"三益贸易公司"的订购单明细记录，将结果先按"订单号"升序排列，同一订单的再按"单价"降序排列，并将结果存储到 result 表中（表结构与 order_detail 表结构相同）。

★★

第 31 题

（1）建立一个名为 myMenu 的菜单，菜单中有两个菜单项"时间"和"退出"。"时间"下还有一个子菜单，子菜单有"月份"和"年份"两个菜单项（具体内容不作要求）。单击"退出"菜单返回到系统菜单。

（2）在 student 数据库中有"学生"表和"宿舍"表。用 SQL 语句完成查询，结果为学生姓名及所住的宿舍电话，并将结果存放于表 mytable 中。

★★

第 32 题

（1）建立视图 myview，并将定义视图的代码放到 mysql.txt 中。具体要求是：视图中的数据取自数据库"定货管理"中的"定货"表。按"总金额"排序（降序）。其中"总结额=单价*数量"。

（2）使用一对多报表向导建立报表。要求：父表为"产品"，子表为"外型"。从父表中选择所有字段。从子表中选择所有字段。两个表通过"产品编号"建立联系，按"产品编号"升序排序。报表样式选择"随意式"，方向为"纵向"。报表标题为"定货浏览"。生成的报表文件名为 myreport。

★★★★★★★★★★★★★★★★★★★★★★★★★★★★★★★★★★★★★★

第 33 题

（1）根据数据库"炒股"下的"股票"和"数量"表建立一个查询，该查询包含的字段是两个表中的全部字段。要求按"现价"排序（降序），并将创建的查询保存为 myquery。

（2）考生文件夹下有一个名为 myForm 表单文件，其中有一个命令按钮（标题为"查询"）下的 Click 事件下的语句是错误的。请按要求进行修改。要求：单击该按钮查询出住在四楼的所有学生的全部信息。该事件共有 3 条语句，每一句都有一处错误。更正错误但是不允许添加或删除行。

★★★★★★★★★★★★★★★★★★★★★★★★★★★★★★★★★★★★★★

第 34 题

（1）建立表单，标题为"系统时间"，文件名为 myForm。完成如下要求：

表单上有一命令按钮，标题为"显示时间"；一个标签控件。单击命令按钮，在标签上显示当前系统时间，显示格式为：yyyy 年 m 月 dd 日。如果当前月份为一月到九月，如 3 月，则显示为"3 月"，不显示为"03 月"。显示示例：如果系统时间为 2004-04-08，则标签显示为"2004 年 4 月 08 日"。

（2）在考生文件夹的下对数据库"图书借阅"中的表 book 的结构做如下修改：指定"索书号"为主索引，索引名为"ssh"，索引表达式为"索书号"。指定"作者"为普通索引，索引名和索引表达式均为"作者"。字段价格的有效性规则是"价格>0"，默认值是 10。

★★★★★★★★★★★★★★★★★★★★★★★★★★★★★★★★★★★★★★

第 35 题

（1）mypro.prg 中的 SQL 语句用于查询考试成绩数据库中参加了课程号为"C2"的学生的"学号"、"课程号"和"成绩"，现在该语句中有 3 处错误，分别出现在第 1 行、第 2 行和第 3 行，请更正之。要求保持原有语句的结构，不增加行不删除行。

（2）根据"考试成绩"数据库中的表统计每门课程考试的平均成绩，并将结果放在表 mytable 中，其中包括"课程号"与"平均成绩"两个字段。

★★★★★★★★★★★★★★★★★★★★★★★★★★★★★★★★★★★★★★

第 36 题

（1）考试成绩数据库下有 1 个表 sc.dbf，使用菜单设计器制作一个名为 myMenu 的菜单，菜单只有一个"考试统计"子菜单。"考试统计"菜单中有"学生平均成绩"，"课程平均成绩"和"退出" 3 个子菜单："学生平均成绩"子菜单统计每位考生的平均成绩；"课程平均成绩"子菜单统计每门课程的平均成绩；"退出"子菜单使用 Set SysMenu To Default 语句来返回系统菜单。

（2）在考生文件夹中有数据库"考试成绩"，其中有数据表 STUDENT，在考生文件夹下设计一个表单。该表单为考试成绩中 STUDENT 表的窗口式输入界面，表单上有一个名为 Command1 的按钮，按钮标题为"退出"。单击该按钮，使用"ThisForm.Release"命令来退出表单。最后将表单存放在考生文件夹中，表单名为 myForm。

★★★

第 37 题

（1）有数据库"图书借阅"，建立视图 myview，包括"借书证号"，"借书日期"和"书名"字段。内容是借了图书"数据库设计"的记录。建立表单 myForm，在表单上显示视图 myview 的内容。

（2）使用表单向导制作一个表单，要求选择 borrows 表中的全部字段。表单样式为"阴影式"，按钮类型为"图片按钮"，排序字段选择"姓名"（升序），表单标题为"读者信息"，最后将表单保存为 Form1。

运行结果如下图所示。

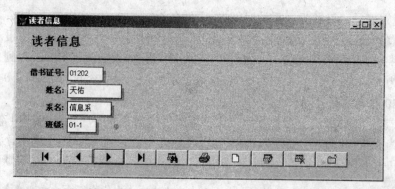

★★★

第 38 题

建立表单 myForm，表单上有三个标签，界面如图所示。

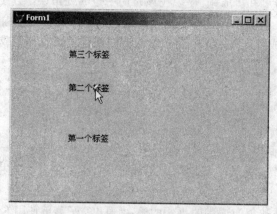

当单击任何一个标签时，都使其他两个标签的标题互换。

（2）根据表 authors 和表 books 建立一个查询，该查询包含的字段有"作者姓名"、"书名"、"价格"和"出版单位"。要求按"价格"排序（升序），并将查询保存为 query。

☆☆☆☆☆☆☆☆☆☆☆☆☆☆☆☆☆☆☆☆☆☆☆☆☆☆☆☆☆☆☆☆☆☆☆☆☆☆

第 39 题

（1）在 zhiban 数据库中根据"zhiban"表中的标准，统计计算"yuangong"表中的"加班费"，并将结果写入"yuangong"表中的"加班费"字段。

（2）建立视图 view1，包括"职工编码"、"姓名"和"夜值班天数"等字段，内容是夜值班天数在 3 天以上的员工。建立表单 Form1，在表单上显示视图 view1 的内容。

☆☆☆☆☆☆☆☆☆☆☆☆☆☆☆☆☆☆☆☆☆☆☆☆☆☆☆☆☆☆☆☆☆☆☆☆☆☆

第 40 题

（1）在 rate 数据库中查询 cyl 表中每个人所拥有的外币的总净赚（总净赚=持有数量*（现钞卖出价-现钞买入价）），查询结果中包括"姓名"和"净赚"字段，并将查询结果保存在一个新表 newtable 中。

（2）建立并执行名为 myForm 的表单，要求如下：为表单建立数据环境，并向其中添加表 hl；将表单标题该为"汇率浏览"；修改命令按钮（标题为查询）下的 Click 事件，使用 SQL 的 select 语句查询出卖出买入差价在 5 个外币单位以上的外币的"代码"，"名称"和"差价"，并将查询结果放入表 newtable2 中。

☆☆☆☆☆☆☆☆☆☆☆☆☆☆☆☆☆☆☆☆☆☆☆☆☆☆☆☆☆☆☆☆☆☆☆☆☆☆

第 41 题

（1）考生目录下有一个"商品"表，使用菜单设计器制作一个名为 myMenu 的菜单，菜单只有一个"查看"子菜单。该菜单项中有"北京"，"广东"和"退出" 3 个子菜单："北京"子菜单查询出产地是"北京"的所有商品的信息，"广东"子菜单查询出产地是"广东"的所有商品的信息。使用"退出"子菜单项回系统菜单。

（2）在考生文件夹的下对数据库 ec 中的表"会员"的结构做如下修改：指定"会员号"为主索引，索引名和索引表达式均为"会员号"。指定"年龄"为普通索引，索引名为"ages"，索引表达式为"年龄"。年龄字段的有效性规则是"年龄>=18"，默认值是 25。

☆☆☆☆☆☆☆☆☆☆☆☆☆☆☆☆☆☆☆☆☆☆☆☆☆☆☆☆☆☆☆☆☆☆☆☆☆☆

第 42 题

（1）建立视图 myview，并将定义视图的代码放到考生文件夹下的 mytxt.txt 中。具体要求是：视图中的数据取自表 zhiban 和 yuangong。按"总加班费"排序（升序）。其中字段"总加班费"是每个人的昼值班天数*昼值班加班费加上夜值班天数*夜值班加班费得来的。

（2）设计界面如下的表单：

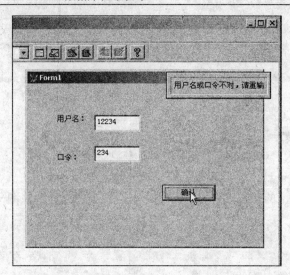

要求：当用户输入用户名和口令并单击"确认"按钮后，检验其输入的用户名和口令是否匹配，（假定用户名为"ABCDEF"，密码为"123456"）。如正确，则显示"欢迎使用"字样并关闭表单；若不正确，则显示"用户名或口令错误，请重新输入"字样，如果连续三次输入不正确，则显示"用户名与口令不正确，登录失败"字样并关闭表单。

✮✮

第 43 题

（1）建立视图 myview，并将定义视图的代码放到 mysql.txt 中。具体要求是：视图中的数据取自表"宿舍"的全部字段和新字段"楼层"。按"楼层"排序（升序）。其中"楼层"是"宿舍"字段的第一位代码。

（2）根据表"宿舍"和表"学生"建立一个查询，该查询包含住在 2 楼的所有学生的全部信息和宿舍信息。要求按学号排序，并将查询保存为 vmyquery。

✮✮

第 44 题

（1）考生目录下有表 book，使用菜单设计器制作一个名为 Menu 的菜单，菜单只有一个统计子菜单。统计菜单中有按"出版社"，"按作者"和"退出"3 个子菜单："按出版社"子菜单负责按"出版社"排序查看书籍信息；"按作者"子菜单负责按"作者编号"排序查看书的信息。"退出"菜单负责返回到系统菜单。

（2）在考生文件夹下有一个数据库书籍，其中有数据库表 authors 和 books。使用报表向导制作一个名为 repo 的一对多的报表。要求：选择父表中的"作者编号"、"作者姓名"和"所在城市"，在子表中选择全部字段。报表样式为"帐务式"，报表布局：列数 1，方向为"横向"；排序字段为"作者姓名"（升序）。报表标为"作者和书籍"。

✮✮

第 45 题

（1）使用表单向导制作一个表单，要求选择 sc 表中的全部字段。表单样式为"阴影式"，按钮类型为"图片按钮"，排序字段选择"学号"（升序），表单标题为"成绩查看"，最后将表单保存为 from1。运行结果如下图所示。

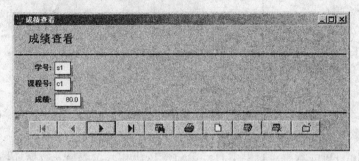

（2）在考生文件夹的下对数据库 rate 中的表 hl 的结构做如下修改：指定"外币代码"为主索引，索引名和索引表达式均为"外币代码"。指定"外币名称"为普通索引，索引名为和索引表达式均为"外币名称"。

☆☆☆☆☆☆☆☆☆☆☆☆☆☆☆☆☆☆☆☆☆☆☆☆☆☆☆☆☆☆☆☆☆☆☆☆☆☆

第 46 题

（1）考生文件夹下的 score 表中存放学生课程与成绩，使用菜单设计器制作一个名为 myMenu 的菜单，菜单只有一个菜单项"查看"。该菜单中有"查看学生"，"查看课程"和"退出"3 个子菜单："查看学生"子菜单按"学号"排序查看成绩；"查看课程"子菜单按"课程号"排序查看成绩；"退出"子菜单负责返回系统菜单。

（2）在考生文件夹下有一个数据库 ec，其中有数据库表"购买"，在考生文件夹下设计一个表单，该表单为"购买"表的窗口输入界面，表单上还有一个标题为"退出"的按钮，单击该按钮，则退出表单。运行结果如下图所示。

☆☆☆☆☆☆☆☆☆☆☆☆☆☆☆☆☆☆☆☆☆☆☆☆☆☆☆☆☆☆☆☆☆☆☆☆☆☆

第 47 题

（1）在 ec 数据库中有"商品"表和"购买"表。用 SQL 语句查询会员号为"C1"的会员购买的商品的信息（包括购买表的全部字段和商品名）。并将结果存放于表 newtable 中。

（2）在考生文件夹下有一个数据库"图书借阅"，其中有数据库表 loans。使用报表向导制作一个名为 repo 的报表。要求：选择表中的全部字段。报表样式为"带区式"，报表布局：列数 2，方向为"纵向"。排序字段为"借书日期"（升序）。报表标题为 loans。

☆☆☆☆☆☆☆☆☆☆☆☆☆☆☆☆☆☆☆☆☆☆☆☆☆☆☆☆☆☆☆☆☆☆☆☆☆☆

第 48 题

（1）prog1.prg 中的 SQL 语句用于对 books 表做如下操作：

1）为每本书的"价格"加上 1 元。

2）统计 books 表中每个作者所著的书的价格总和。

3）查询出版单位为"高等教育出版社"的书的所有信息。

现在该程序中有 3 处错误，请更正。

（2）打开 myForm 表单，表单上有一个命令按钮和一个表格，数据环境中已经添加了表 books。按如下要求进行修改（注意要保存所做的修改）：单击表单中标题为"查询"的命令按钮控件查询 books 表中出版单位为"高等教育出版社"的书籍的"书名"、"作者编号"和"出版单位"；有一个表格控件，修改相关属性，使在表格中显示命令按钮"查询"的结果。

☆☆☆☆☆☆☆☆☆☆☆☆☆☆☆☆☆☆☆☆☆☆☆☆☆☆☆☆☆☆☆☆☆☆☆☆☆☆

第 49 题

（1）编写程序 mat 计算 s=1+2+...+100。要求使用 do while 循环结构。

（2）myprog.prg 中的 SQL 语句用于查询出位于"福建"的仓库的"城市"字段以及管理这些仓库的职工的所有信息，现在该语句中有 3 处错误，分别出现在第 1 行、第 2 行和第 3 行，请更正之。

☆☆☆☆☆☆☆☆☆☆☆☆☆☆☆☆☆☆☆☆☆☆☆☆☆☆☆☆☆☆☆☆☆☆☆☆☆☆

第 50 题

（1）在"员工管理"数据库中建立视图"view1"，显示字段包括"职工编码"，"姓名"和"职称代码"和"职称名称"，并只显示"职称名称"为"讲师"的记录。

（2）建立表单"myForm"，标题为"查看视图"。在表单上显示上题中建立的视图"view1"的内容。表单上有一个标题为"退出"的命令按钮，单击该按钮，退出表单。

☆☆☆☆☆☆☆☆☆☆☆☆☆☆☆☆☆☆☆☆☆☆☆☆☆☆☆☆☆☆☆☆☆☆☆☆☆☆

第 51 题

（1）根据考生文件夹下的表"add"和表"sco"建立一个查询，该查询包含的字段为"姓名"、"国家"和"分数"。要求按"姓名"排序（升序），并将查询保存为"查询1"

（2）使用表单向导制作一个表单，要求选择"员工档案"表中的所有字段。表单样式为"边框式"，按钮类型为"图片按钮"，排序字段选择"工号"（升序），表单标题为"员工档案"，最后将表单保存为"myForm"。

☆☆☆☆☆☆☆☆☆☆☆☆☆☆☆☆☆☆☆☆☆☆☆☆☆☆☆☆☆☆☆☆☆☆☆☆☆☆☆

第 52 题

（1）在考生文件夹下有"出勤"数据库，其中有数据库表"出勤情况"。使用报表向导制作一个名为"report"的报表。要求：选择表中的全部字段。报表样式为"简报"，报表布局：列数"2"，方向为"横向"，排序字段为"姓名"（升序），报表标题为"出勤情况"。

（2）在考生文件夹的下对数据库"出勤"中的表"员工档案"的结构做如下修改：指定"工号"为主索引，索引名和索引表达式均为"工号"。指定"姓名"为普通索引，索引名和索引表达式均为"姓名"。设置字段"职位"的默认值为"销售员"。

☆☆☆☆☆☆☆☆☆☆☆☆☆☆☆☆☆☆☆☆☆☆☆☆☆☆☆☆☆☆☆☆☆☆☆☆☆☆☆

第 53 题

（1）在"SPXS"数据库中统计"家用电器部"销售的商品的"部门名"、"商品号"、"单价"和"销售数量"。并将结果放在表"mytable"中，将所使用到的 SQL 语句保存到 mysql 中。

（2）在考生文件夹下有一个数据库"SPXS"，其中有数据库表"XS"。使用报表向导制作一个名为"myreport"的报表。要求：选择表中的全部字段。报表样式为"随意式"，报表布局：列数"2"，方向为"横向"，排序字段为"日期"，（升序）日期相同时按部门号排序（升序），报表标题设置为"销售浏览"。

☆☆☆☆☆☆☆☆☆☆☆☆☆☆☆☆☆☆☆☆☆☆☆☆☆☆☆☆☆☆☆☆☆☆☆☆☆☆☆

第 54 题

（1）在"支出"数据库中查询每个人的"剩余金额"（剩余金额=工资减去电话、电费和气费），查询结果中包括"编号"、"姓名"、"工资"和"剩余金额"字段，并将查询结果保存在一个新表"newtable"中。

（2）通过邮局向北京城邮寄"特快专递"，计费标准为每克 0.05 元，但是超过 100 克后，超出部分每克多加 0.02 元。编写程序 myprog，根据用户输入邮件重量，计算邮费。

☆☆☆☆☆☆☆☆☆☆☆☆☆☆☆☆☆☆☆☆☆☆☆☆☆☆☆☆☆☆☆☆☆☆☆☆☆☆☆

第 55 题

（1）建立视图"view1"，并将定义视图的代码放到"mytxt.txt"中。具体要求是：视图中的数据取自"支出"数据库下"日常支出"表中的"姓名"、"电话"、"电费"和"气费"字段，以及"基本情况"表中的"编号"和"工资"字段。两表以"编号"联接。按"剩余金额"排序（升序），其中"剩余金额"等于工资减去电话、电费和气费。

（2）考生文件夹下有一个"myForm"表单文件，其中有 2 个命令按钮"浏览"和"退出"。表单上还有一个表格控件。表单的数据环境里已经添加了表"日常支出"，要求编写两个命令按钮的 Click 事件，使得单击"浏览"按钮在表格中显示表"日常支出"的记录，单击"退出"按钮退出表单。

★★

第 56 题

（1）在考生文件夹下有一个数据库"供应产品"，其中有数据库表"产品"。使用报表向导制作一个名为"myreport"的报表。要求：选择显示表中的所有字段。报表样式为"帐务式"，报表布局：列数"3"，方向为"纵向"，排序字段为"产品编号"，标题"产品浏览"。

（2）请修改并执行名为"myForm"的表单，要求如下：为表单建立数据环境，并向其中添加表"产品"和"外型"。将表单标题改为"产品使用"；修改命令按钮下的 Click 事件的语句，使得单击该按钮时使用 SQL 语句查询出 S02 供应商供应的产品的"编号"、"名称"和"颜色"。

★★

第 57 题

（1）在"订购"数据库中查询客户 C10001 的订购信息，查询结果中包括"定货"表的全部字段和"总金额"字段。其中"总金额"字段为定货"单价"与"数量"的乘积。并将查询结果保存在一个新表"newtable"中。

（2）建立视图"myview"，并将定义视图的代码放到"mysql"中。具体要求是：视图中的数据取自"定货"表的全部字段和"货物"表中的"订购日期"字段。按"订购日期"排序，而订购日期相同的记录按订单号排序（升序）。

★★

第 58 题

（1）Prog1.prg 中有 3 行语句，分别用于：

1）查询出表 book 的书名和作者字段；

2）将价格字段的值加 2；

3）统计科学出版社出的书籍的平均价格

每一行中均有一处错误，请更正之。

（2）在考生文件夹下有表"book"，在考生文件夹下设计一个表单，标题为"book 输入界面"。该表单为"book"表的窗口输入界面，表单上还有一个标题为"退出"的按钮，单击该按钮，则退出

★★

第 59 题

（1）建立一个名为 myMenu 的菜单，菜单中有两个菜单项"浏览"和"退出"。"浏览"下还有"排序"、"分组"两个菜单项。单击"退出"菜单返回到系统菜单。

（2）在数据库 mydb 中建立视图"视图 1"，并将定义视图的代码放到"myview.txt"中。具体要求是：视图中的数据取自表"数量"的全部字段和新字段"收入"并按"收入"

排序（升序）。其中字段"收入"等于"（买入价－现价）＊持有数量"。

☆☆☆☆☆☆☆☆☆☆☆☆☆☆☆☆☆☆☆☆☆☆☆☆☆☆☆☆☆☆☆☆☆☆☆☆☆☆

第 60 题

（1）对数据库"仓库管理"使用一对多报表向导建立报表 myreport。要求：父表为"供应商"，子表为"订单"，从父表中选择字段"供应商号"和"供应商名"，从子表中选择字段"订购单号"和"订购日期"，两个表通过"供应商号"建立联系，按"供应商"号升序排序，报表样式选择"带区"式，方向为"横向"，报表标题设置为"供应商订单"。

（2）请修改并执行名为"myForm"的表单，要求如下：为表单建立数据环境，并向其中添加表"订单"；将表单标题改为"供应商统计"；修改命令按钮下的 Click 事件，使用 SQL 语句查询出表中每个供应商定货的总金额，查询结果中包含"供应商号"和"总金额"两个字段。（提示：使用 group by 供应商号）

☆☆☆☆☆☆☆☆☆☆☆☆☆☆☆☆☆☆☆☆☆☆☆☆☆☆☆☆☆☆☆☆☆☆☆☆☆☆

第 61 题

（1）在考生文件夹下有一个表"学生"。使用报表向导制作一个名为"myreport"的报表。要求：选择"学号"、"姓名"、"系"和"宿舍"等字段。报表样式为"随意式"，报表布局：列数"2"，方向为"纵向"，排序字段为"学号"（降序），报表标题为"学生浏览"。

（2）请修改并执行名为"myForm"的表单，要求如下：为表单建立数据环境，并向其中添加表"学生"；将表单标题改为"学生浏览"；修改命令按钮下的 Click 事件，使用 SQL 语句按"宿舍"排序浏览表。

☆☆☆☆☆☆☆☆☆☆☆☆☆☆☆☆☆☆☆☆☆☆☆☆☆☆☆☆☆☆☆☆☆☆☆☆☆☆

第 62 题

（1）在数据库"员工管理"中建立视图"view1"，包括"员工编码"，"姓名"，"职称名称"和"工资"字段，筛选条件是"工资>=2000"。

（2）建立表单"myForm"，在表单上显示第 1 题建立的视图"view1"中内容。

☆☆☆☆☆☆☆☆☆☆☆☆☆☆☆☆☆☆☆☆☆☆☆☆☆☆☆☆☆☆☆☆☆☆☆☆☆☆

第 63 题

（1）"员工管理"数据库下有 2 个表，使用菜单设计器制作一个名为"菜单 1"的菜单，菜单只有一个"查看"菜单项。该菜单项中有"职称"，"工资"和"退出"三个子菜单："职称"子菜单查询"职称代码"为 4 的员工的"姓名"和"职称名称"；"工资"子菜单查询"工资"在 2000（含）以上的"职工"的全部信息；"退出"菜单项负责返回系统菜单。

（2）在考生文件夹下有一个数据库"员工管理"，使用报表向导制作一个名为"myreport"的报表，存放在考生文件夹下。要求，选择"员工"表中字段"职工编码"、"姓名"和"工资"。报表样式为"经营式"，报表布局：列数"1"，方向"横向"，按"工资"字段排序（降序），报表标题为"员工工资查看"。

★★

第 64 题

（1）建立一个名为 Menu1 的菜单，菜单中有两个菜单项"浏览"和"退出"。"查看"下还有子菜单"统计"。在"统计"菜单项下创建一个过程，负责统计各个城市的仓库管理员的工资总和，查询结果中包括"城市"和"工资总和"两个字段。"退出"菜单项负责返回系统菜单。

（2）打开 myForm 表单，表单的数据环境中已经添加了表"职工"。按如下要求进行修改（注意要保存所做的修改）：表单中有一个命令按钮控件，编写其 Click 事件，使得单击它的时候退出表单；还有一个"表格"控件，修改其相关属性，使在表格中显示"职工"表的记录。

★★

第 65 题

（1）考生目录下有表 list，使用菜单设计器制作一个名为"菜单 1"的菜单，菜单只有一个菜单项"运行"。"运行"菜单中有"查询"，"平均"和"退出" 3 个子菜单："查询"子菜单负责按客户号排序查询表的全部字段；选择"平均"子菜单则按客户号分组计算每个客户的平均总金额，查询结果中包含客户号和平均金额；选择"退出"菜单项返回到系统菜单。

（2）使用表单向导制作一个表单，要求显示"list"表中的全部字段。表单样式为"边框式"，按钮类型为"滚动网格"，排序字段选择"总金额"（升序），表单标题为"订购查看"，最后将表单保存为"myForm"。

★★

第 66 题

（1）在考生目录下的数据库"学籍"中建立视图"视图 1"，包括"学生"表中的字段"学号"、"姓名"、"课程号"和"成绩"表中的"成绩"字段。按"学号"升序排序。

（2）建立表单"myForm"，在表单上显示第 1 题中建立的视图"视图 1"的内容。表单上还包含一个命令按钮，标题为"退出"。单击此按钮，关闭表单。

★★

第 67 题

（1）用 SQL 语句完成下列操作：从 Rate_cxchange 和 Curency_sl 表中列出"张三丰"持有的所有"外币名称"和"持有数量"，并将检索结果按"持有数量"升序排序存储于表 mytable 中，同时将所使用的 SQL 语句存储于新建的文本文件 mysql.txt 中。

（2）使用一对多报表向导建立报表。要求：父表为 rate_exchange，子表为 currency_sl，从父表中选择字段："外币名称"；从子表中选择全部字段；两个表通过"外币代码"建立联系；按"外币代码"降序排序；报表样式为"经营式"；方向为"横向"；报表标题为"外币持有情况"；生成的报表文件名为 myreport。

★★

第 68 题

（1）使用报表向导建立一个简单报表。要求选择客户表 Customer 中所有字段；记录不分组；报表样式为"随意式"；列数为 1；字段布局为"列"；方向为"纵向"；排序字段为"会员号"（升序）；报表标题为"客户信息一览表"；报表文件名为 myreport。

（2）使用命令建立一个名称为 sb_view 的视图，并将定义视图的命令代码存放到命令文件 pview.prg。视图中包括客户的会员号（来自 Customer 表）、姓名（来自 Customer 表）、客户所购买的商品名（来自 article 表）、单价（来自 OrderItem 表）、数量（来自 OrderItem 表）和金额（OrderItem.单价 * OrderItem.数量），结果按"会员号"升序排序。

★★

第 69 题

（1）在 SCORE_MANAGER 数据库中使用 SQL 语句查询学生的"姓名"和"年龄"（计算年龄的公式是：2004-Year(出生日期)，"年龄"作为字段名)，结果保存在一个新表 mytable 中，将使用的 SQL 语句保存在 mytxt.txt 中。

（2）使用报表向导建立报表 myreport，用报表显示 mytable 表的内容。报表分组记录选择"无"，样式为"带区式"，列数为 3，字段布局为"行"，方向为"纵向"，报表中数据按"年龄"升序排列，年龄相同的按"姓名升序"排序。报表标题是"姓名-年龄"。

★★

第 70 题

（1）用 SQL 语句对自由表"教师"完成下列操作：将职称为"教授"的教师新工资一项设置为原工资的 120%，其他教师的新工资与原工资相等；插入一条新记录（姓名："林红"，职称："讲师"，原工资：10000，新工资：10200），同时将所使用的 SQL 语句存储于新建的文本文件 mysql.txt 中（两条更新语句，一条插入语句，按顺序每条语句占一行）。

（2）使用查询设计器建立一个查询文件 myquery，查询要求：选修了"英语"并且成绩大于等于 70 的学生的姓名和年龄，查询结果按"年龄"升序存放于 mytable.dbf 表中。

★★

第 71 题

（1）对考生文件夹下的表 book，使用查询向导建立查询 muyquery1，查询"价格"在 10 元（含）以上的书籍的所有信息，并将查询结果保存在一个新表"newtable"中。

（2）编写程序 myprog 完成如下要求：从键盘输入 10 个数，然后找出其中的最大的数和最小的数，将它们输出到屏幕上。

★★

第 72 题

（1）在考生目录下的数据库销售中对其表 xs，建立视图"视图 1"，包括表中的全部字段，按"部门号"排序，同一部门内按"销售数量"排序。

（2）打开"myForm"表单，并按如下要求进行修改（注意要保存所做的修改）：修改表单中"表格"控件相关属性，使在表格中显示（1）中建立的视图的记录。

运行结果如下图所示。

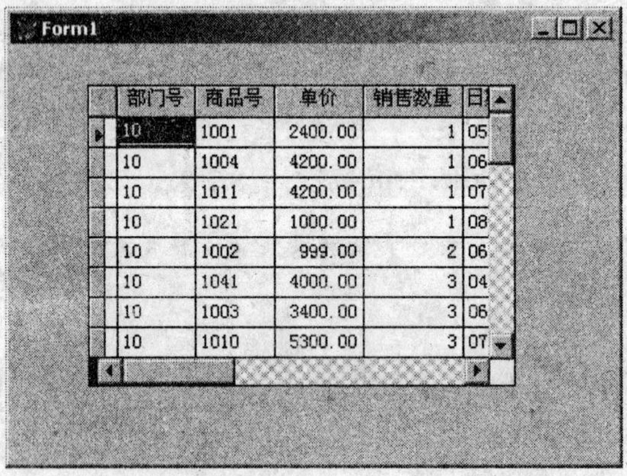

★★

第 73 题

（1）在数据库产品中建立视图"view1"，并将定义视图的代码放到"mytxt.txt"中。具体要求是：视图中的数据取自数据库产品中的表"sp"。按"利润"排序（升序），"利润"相同的按商品号升序排序。其中字段"利润"为单价与出厂单价的差值。

（2）在考生文件夹下设计一个表单 myForm，该表单为"cp"表的窗口输入界面，表单上还有一个按钮，标题为"退出"，单击该按钮，则关闭表单。

运行结果如下图所示。

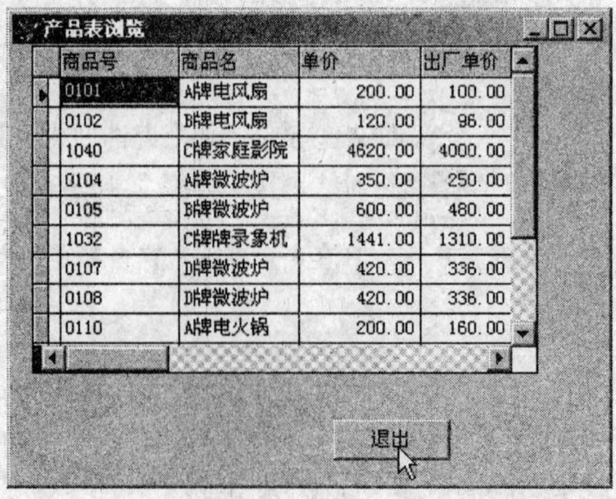

★★

第 74 题

（1）在考生文件夹下有表 sc。用 SQL 语句统计每个考生的平均成绩，统计结果包括包括"学号"和"平均成绩"两个字段，并将结果存放于表"mytable"中。将使用到的 SQL 语句保存到 mytxt.txt 中。

（2）在员工管理数据库下建立视图"view1"，包括"员工"表中的全部字段和每个职工的"职称名称"。

★★★

第 75 题

（1）在"学籍"数据库中有"学生"表、"课程"表和"成绩"表。用 SQL 语句查询"成绩"表中每个学生"学号"、"姓名"、"课程号"、"课程名"、"成绩"和"开课院系"，并将结果存放于表"table1"中，查询结果按"学号"升序排序。将使用到的 SQL 语句保存到 mysql.txt 中。

（2）考生文件夹下有一个"表单 1"的表单文件，其中有 2 个命令按钮的 Click 事件下的语句是错误的。请按要求进行修改（要求保存所做的修改）："统计"命令按钮的 Click 事件对"学籍"数据库下的"成绩"表统计各课程的平均考试成绩。"退出"命令按钮的 Click 事件负责关闭表单。

运行结果如下图所示。

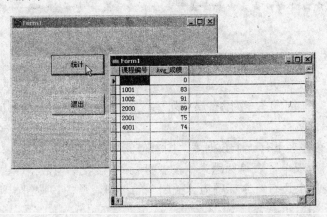

★★★

第 76 题

（1）在"员工管理"数据库中统计"职称"表中具有每个职称的人数，统计结果中包含字段"职称代码"、"职称名称"和"人数"，按"职称代码"排序。并将结果放在表"职称人数"中。

（2）打开"mytable"表单，并按如下要求进行修改（注意要保存所做的修改）：在表单的数据环境中添加 "员工"表。表单中有"表格"控件，修改其相关属性，在表格中显示"员工"表的记录。

运行结果如下图所示。

51

★★★

第 77 题

（1）"学籍"数据库下有 3 个表，使用菜单设计器制作一个名为"myMenu"的菜单，菜单只有一个"运行"菜单项。该菜单项中有"按学号"，"按课程号"和"退出"3 个子菜单："按学号"和"按课程号"子菜单分别使用 SQL 语句的 avg 函数统计各学生和课程的平均成绩。统计结果中分别包括"学号"、"平均成绩"和"课程编号"、"平均成绩"。"退出"子菜单负责返回到系统菜单。

（2）在数据库图书中建立视图"myview"，显示表 loans 中的所有记录，并按"借书日期"升序排序。建立表单"表单 1"，在表单上添加"表格"控件显示新建立的视图的记录。

★★★

第 78 题

（1）在考生文件夹下有一个数据库"图书借阅"，使用报表向导制作一个名为"myrepo"的报表，存放在考生文件夹下。要求，选择"brrows"表中的所有的字段。报表样式为"经营式"，报表布局：列数"1"，字段布局"列"，方向"纵向"，按"借书证号"字段升序排序，报表标题为"读者"。

（2）在考生文件夹下有一个数据库"图书借阅"，其中有数据库表"borrows"，在考生文件夹下设计一个表单，表单标题为"读者查看"。该表单为数据库中"borrows"表的窗口输入界面，表单上还有一个标题为"关闭"的按钮，单击该按钮，则关闭表单。

运行结果如下图所示。

★★★

第 79 题

（1）建立一个名为 Menu1 的菜单，菜单中有两个菜单项"显示日期"和"退出"。单击"显示日期"菜单项将弹出一个对话框，其上显示当前日期。"退出"菜单项使用 set sysMenu to default 命令负责返回到系统菜单。

（2）对数据库客户中的表使用一对多报表向导建立报表 myrepo。要求：父表为"客户联系"，子表为"定货"。从父表中选择字段"客户编号"和"公司名称"，从子表中选择字段"订单编号"和"订单日期"，两个表通过"客户编号"建立联系，按客户编号升序排序；报表样式选择"帐务"式，方向为"横向"，报表标题为"客户定货查看"。

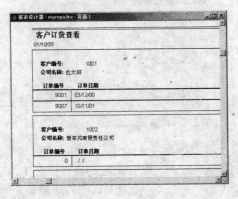

☆★

第 80 题

（1）在考生文件夹中有"股票"表和"数量"表。用 SQL 语句查询每种股票的"股票代码"、"股票简称"、"持有数量"和"净收入"，其中"净收入"等于每中股票的"现价"减去"买入价"乘以"持有数量"。查询结果按"净收入"升序排序，"净收入"相同的按"股票代码"排序，将结果存放于表"净收入"中，将使用到的 SQL 代码保存到 mytxt.txt 中。

（2）在考生文件夹下有表"数量"，在考生文件夹下设计一个表单 myForm，表单标题为"股票数量"。该表单为"数量"表的窗口输入界面，表单上还有一个标题为"结束"的按钮，单击该按钮退出表单。

运行结果如下图所示。

53

★★

第 81 题

（1）打开"显示视图"表单，并按如下要求进行修改（注意要保存所做的修改）：表单中有一个"表格"控件，修改其相关属性，使得在表格中显示数据库 student 中"学生住宿"视图中的记录。表单上还有一个标题为"关闭"的按钮，为按钮编写事件，使单击此按钮时退出表单。

运行结果如下图所示。

（2）在考生文件夹的下对数据库"student"中的表"宿舍"的结构做如下修改：指定"宿舍"为主索引，索引名为"doc"，索引表达式为"宿舍"。指定"电话"为普通索引，索引名为"tel"，索引表达式为"电话"。设置"电话"字段的有效性为电话必须以"5"开头。

★★

第 82 题

（1）建立一个名为 Menu1 的菜单，菜单中有两个菜单项"操作"和"返回"。"操作"菜单项下还有两个子菜单项"操作 1"和"操作 2"。"操作 1"菜单项负责查询 sco 表中等级为"一等"的学生的信息；"操作 2"菜单项负责查询 add 表中有论文的学生的信息。在"返回"菜单项下创建一个命令，负责返回到系统菜单。

（2）考生文件夹下有一个文件名为"表单 1"的表单文件，其中有 2 个命令按钮"统计"和"关闭"。它们的 Click 事件下的语句是错误的。请按要求进行修改（要求保存所做的修改）：单击"统计"按钮查询 add 表中"中国"国籍的学生数，统计结果中含"国家"和"数量"2 个字段。"关闭"按钮负责退出表单。

运行结果如下图所示。

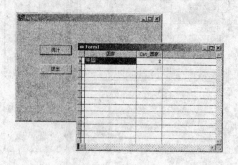

☆☆

第 83 题

（1）程序 1.prg 中的 SQL 语句对商品表完成如下三个功能：

①查询"产地"为"广东"的表记录。

②将所有的商品的"单价"增加 10%。

③删除"商品号"为"1041"的商品的记录。

现在该语句中有 3 处错误，分别出现在第 1 行、第 2 行和第 3 行，请更正之。

（2）根据数据库仓库管理中的表"仓库"和表"职工"建立一个查询，该查询包含的字段有"仓库号"、"城市"和"职工号"。查询条件为"仓库面积"在 400 平米（含）以上。要求按"仓库号"升序排序，并将查询保存为"查询 1"。

☆☆

第 84 题

（1）使用菜单设计器制作一个名为"菜单 2"的菜单，菜单有两个菜单项"工具"和"视图"。"工具"菜单项有"拼写检查"和"字数统计"两个子菜单；"视图"菜单项下有"普通"、"页面"和"表格"三个子菜单。

（2）对"仓库管理"数据库编写程序 myprog，完成如下操作：

1）在仓库表中插入一条记录（WH12,南京，450）。

2）统计各个城市的仓库个数和总面积，统计结果中包含"城市"、"仓库个数"和"仓库总面积"三个字段。将统计结果保存在表 mytable 中。

☆☆

第 85 题

（1）在数据库出勤中建立视图"视图 1"，包括员工的"工号"、"姓名"、"职位"和"出勤的月份"、"天数"、"迟到天数"及"准到天数"，其中"准到天数"等于"出勤天数"减去"迟到天数"。按"工号"升序排序。

（2）建立表单 myForm，在表单上添加"表格"控件，并通过"表格"控件显示表"出勤情况"的内容（要求表格的 RecordSourceType 属性必须为 0）。

运行结果如下图所示。

☆☆

第 86 题

（1）在"学籍"数据库中查询选修了微积分课的学生的所有信息，并将查询结果保存在一个表"微积分"中。

（2）在考生文件夹的下对数据库中的表"课程"的结构做如下修改：指定"课程编号"为主索引，索引名为和索引表达式均为"课程编号"。指定"课程名称"为普通索引，索引名和索引表达式均为"课程名称"。设置字段"课程编号"的有效性为中间两个字符必须为"00"。

★★★★★★★★★★★★★★★★★★★★★★★★★★★★★★★★★★★★★

第 87 题

（1）使用 Modify Command 命令建立程序"程序 1"，查询数据库"学籍"中选修了 3门以上课程的学生的全部信息，并按"学号"升序排序，将结果存放于表"newtable"中，将使用的 SQL 语句保存在 mytxt 中。

（2）使用"一对多报表向导"建立报表"学生成绩"。要求：父表为"学生"，子表为"成绩"。从父表中选择字段"学号"和"姓名"。从子表中选择字段"课程编号"和"成绩"，两个表通过"学号"建立联系，报表样式选择"带区"式，方向为"横向"，按学号升序排序。报表标题为"学生成绩"。

★★★★★★★★★★★★★★★★★★★★★★★★★★★★★★★★★★★★★

第 88 题

（1）考生文件夹下有一个名为 myForm 的表单，表单中有两个命令按钮的 Click 的事件下的语句都有错误，其中一个按钮的名称有错误。请按如下要求进行修改，并保存所做的修改。

1）将按钮"察看员工信息"改为"查看员工信息"。

2）单击"查看员工信息"按钮时，使用 select 查询员工表中的所有信息。

3）单击"退出"按钮，关闭表单。

运行结果如下图所示。

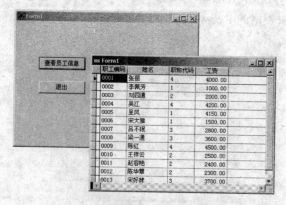

（2）在考生文件夹下有一个数据库"员工管理"，其中有数据库表"员工"。使用报表

向导制作一个名为"report1"的报表。要求：选择表中的全部字段。报表样式为"随意式"，报表布局：列数"2"，字段布局"行"，方向为"横向"，排序字段为"工资"（升序）。报表标题为"员工信息浏览"。

☆☆☆☆☆☆☆☆☆☆☆☆☆☆☆☆☆☆☆☆☆☆☆☆☆☆☆☆☆☆☆☆☆☆☆☆

第89题

（1）在数据库仓库管理中建立视图"视图 1"，包括表"订单"中的所有字段，并按"职工号"排序，"职工号"相同的，按"订单号"排序。

（2）建立表单 myForm，在表单的数据环境里添加刚建立的视图。在表单上添加"表格"控件，设置表格的相关属性，使表格中显示的是刚建立的视图的内容。

运行结果如下图所示。

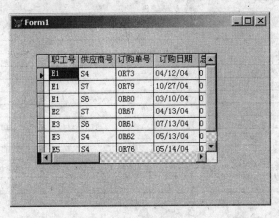

☆☆☆☆☆☆☆☆☆☆☆☆☆☆☆☆☆☆☆☆☆☆☆☆☆☆☆☆☆☆☆☆☆☆☆☆

第90题

（1）在考生文件夹下的数据库"考试成绩"中建立视图"myview"，并将定义视图的代码放到"mytxt.txt"中。具体要求是：视图中的数据取自表"student"。按"出生年份"排序（升降序），"年份"相同的按"学号"排序。其中字段"年份"等于系统的当前时间中的年份减去学生的年龄。

（2）使用表单向导制作一个表单，要求选择"sc"表中的所有字段。表单样式为"标准式"，按钮类型为"图片按钮"，表单标题为"成绩查看"，最后将表单保存为"myForm"。

运行结果如下图所示。

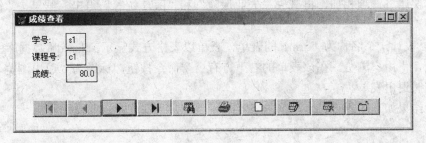

☆☆☆☆☆☆☆☆☆☆☆☆☆☆☆☆☆☆☆☆☆☆☆☆☆☆☆☆☆☆☆☆☆☆☆☆☆

第 91 题

（1）在考生文件夹下，有一个数据库 SDB，其中有数据库表 STUDENT、SC 和 COURSE。在表单向导中选取"一对多表单向导"创建一个表单。要求：从父表 STUDENT 中选取字段"学号"和"姓名"，从子表 SC 中选取字段"课程号"和"成绩"，表单样式选"浮雕式"，按钮类型使用"文本按钮"，按"学号"降序排序，表单标题为"学生成绩"，最后将表单存放在考生文件夹中，表单文件名为 myForm。

运行结果如下图所示。

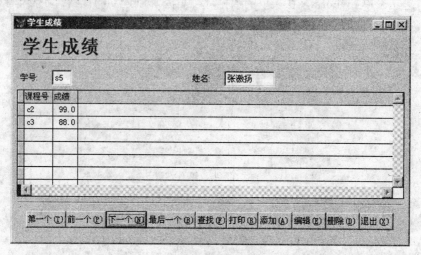

（2）在考生文件夹中有一数据库 SDB，其中有数据库表 STUDENT，SC 和 COURSE。建立"成绩大于等于 60 分"、按"学号"升序排序的本地视图 GRADELIST，该视图按顺序包含字段"学号"、"姓名"、"成绩"和"课程名"。

☆☆☆☆☆☆☆☆☆☆☆☆☆☆☆☆☆☆☆☆☆☆☆☆☆☆☆☆☆☆☆☆☆☆☆☆☆

第 92 题

（1）在 salarydb 数据库中创建一个名称为 sview 的视图，该视图查询 salarydb 数据库中 salarys 表(雇员工资表)的"部门号"、"雇员号"、"姓名"、"工资"、"补贴"、"奖励"、"失业保险"、"医疗统筹"和"实发工资"，其中实发工资由"工资"、"补贴"和"奖励"三项相加，再减去"失业保险"和"医疗统筹"得出，结果按"部门号"降序排序。

（2）设计一个名称为 Form1 的表单，表单以表格方式显示 salarydb 数据库中 salarys 表的记录，供用户浏览。在该表单的右下方有一个命令按钮，标题为"退出浏览"，当单击该按钮时退出表单。

运行结果如下图所示。

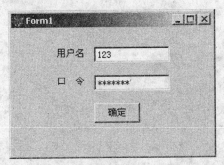

★★

第 93 题

（1）考生文件夹下有数据库"订货管理"，其中有表 customer 和 orderlist。用 SQL SELECT 语句完成查询：列出目前有订购单的客户信息（即有对应的 order_list 记录的 customer 表中的记录），同时要求按"客户号"升序排序，将结果存储到 results 表中，将使用的 SQL 语句保存到 mysql.txt 中。要求查询结果不重复，即查询结果中同一客户的信息只显示一次。

（2）打开并按如下要求修改 Form1 表单文件（最后保存所做的修改）：

1）在"确定"命令按钮的 Click 事件(过程)下的程序有两处错误，请改正之。

2）设置 Text2 控件的有关属性，使用户在输入口令时显示"*"。

运行结果如下图所示。

★★

第 94 题

（1）建立视图 NEW_VIEW，该视图含有选修了课程但没有参加考试(成绩字段值为 NULL)的学生信息(包括"学号"、"姓名"和"系部"3 个字段)。

（2）建立表单 MYFORM，在表单上添加"表格"控件，并通过该控件显示表 course 的内容（要求 RecordSourceType 属性必须为 0）。

运行结果如下图所示。

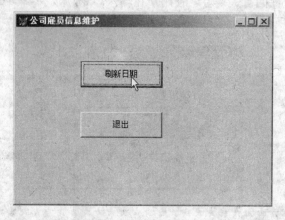

****

第 95 题

（1）请修改并执行名称为 Form1 的表单，要求如下：

1）为表单建立数据环境，并将"雇员"表添加到数据环境中。

2）将表单标题修改为"公司雇员信息维护"。

3）修改命令按钮"刷新日期"的 Click 事件下的语句，使用 SQL 的更新命令，将"雇员"表中"日期"字段值更换成当前计算机的日期值。注意：只能在原语句上进行修改，不可以增加语句行。

运行结果如下图所示。

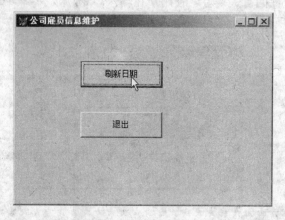

（2）建立一个名称为 Menu1 的菜单，菜单栏有"文件"和"编辑浏览"两个菜单。"文件"菜单下有"打开"、"关闭退出"两个子菜单；"浏览"菜单下有"雇员编辑"、"部门编辑"和"雇员浏览"三个子菜单。

****

第 96 题

（1）在考生文件夹中有一个数据库 SDB，其中有数据库表 STUDENT、SC 和 COURSE

表。在考生文件夹下有一个程序 myprog.PRG，该程序的功能是检索同时选修了课程号 C1 和 C2 的学生的学号。请修改程序中的错误，并调试该程序，使之正确运行。考生不得增加或删减程序行。

（2）设计表单 myForm1，表单中有两个列表框，其中左边的列表框中有 student 表中的所有字段名称。表单中有两个命令按钮"添加"和"移除"，在左边的列表框中选择字段名并单击"添加"命令按钮后，在右边的列表框中添加该字段名。在右边的列表框中选择字段名，并单击"移除"命令按钮后，从列表框中移除该字段名。表单界面如图所示。

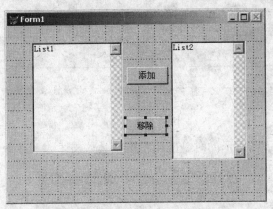

运行结果如下图所示。

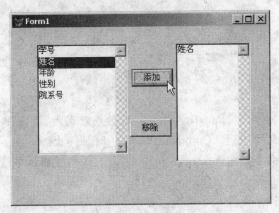

☆☆☆☆☆☆☆☆☆☆☆☆☆☆☆☆☆☆☆☆☆☆☆☆☆☆☆☆☆☆☆☆☆☆☆☆☆☆☆

第 97 题

（1）根据 sdb 数据库中的表用 SQL SELECT 命令查询学生的学号、姓名、课程号和成绩，结果按"课程号"升序排序，"课程号"相同时按"成绩"降序排序，并将查询结果存储到 newtable 表中，将使用的 SQL 语句保存到 mytxt.txt 中。

（2）使用表单向导选择 student 表生成一个名为 myForm 的表单。要求选择 student 表中所有字段，表单样式为"阴影式"；按钮类型为"图片按钮"；排序字段选择"学号"（升序）；表单标题为"学生基本数据输入维护"。

运行结果如下图所示。

✮✮

第 98 题

（1）设计一个如下图所示的时钟应用程序，具体描述如下：

表单名和表单文件名均为 timer，表单标题为"时钟"，表单运行时自动显示系统的当前时间；

1）显示时间的为标签控件 label1（标签文本对齐方式为居中）；

2）单击"暂停"命令按钮（Command1）时，时钟停止；

3）单击"继续"命令按钮（Command2）时，时钟继续显示系统的当前时间；

4）单击"退出"命令按钮（Command3）时，关闭表单。

（2）使用查询设计器设计一个查询，要求如下：

1）基于自由表 currency_sl.DBF 和 rate_exchange.DBF；

2）按顺序含有字段"姓名"、"外币名称"、"持有数量"、"现钞买入价"及表达式"现钞买入价*持有数量"；

3）先按"姓名"升序排序，再按"持有数量"降序排序；

4）完成设计后将查询保存为 query1 文件。

✮✮

第 99 题

（1）用 SQL 语句完成下列操作：检索"田亮"所借图书的"书名"、"作者"和"价格"，结果按"价格"降序存入 booktemp 表中。

（2）在考生文件夹下有一个名为 Menu_lin 的下拉式菜单，请设计表单 frmMenu，将菜单 Menu_lin 加入到该表单中，使得运行表单时菜单显示在本表单中，并在表单"退出"时释放菜单。表单运行界面如图所示。

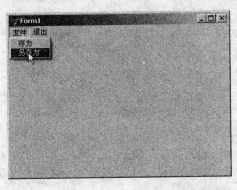

★★★

第 100 题

（1）在考生文件夹中有一个数据库 STSC，其中有数据库表 STUDENT、SCORE 和 COURSE 利用 SQL 语句查询选修了"C++"课程的学生的全部信息，并将结果按"学号"升序存放在 CPLUS.DBF 文件中(库的结构同 STUDENT，并在其后加入"课程号"和"课程名"字段)。

（2）在考生文件夹中有一个数据库 STSC，其中有数据库表 STUDENT，使用报表向导制作一个名为 myreport 的报表，存放在考生文件夹中。要求：选择 STUDENT 表中所有字段，报表式样为"经营式"；报表布局：列数为 1，方向为"纵向"，字段布局为"列"；排序字段选择"学号"（升序），报表标题为"学生基本情况一览表"。

第三部分 综合应用题

综合应用 1 小题,计 30 分。

★★★

第 1 题

在考生文件夹下的"仓库"数据库 GZ3 包括两个表文件:

ZG(仓库号 C(4),职工号 C(4),工资 N(4))

DGD(职工号 C(4),供应商号 C(4),订购单号 C(4),订购日期 D,总金额 N(10))

设计一个名为 YEWU3 的菜单,菜单中有两个菜单项"查询"和"退出"。程序运行时,单击"查询"应完成下列操作:在 GZ3 库中建立"工资文件"数据表:GJ3(职工号 C(4),工资 N(4)),然后检索出与供应商 S7、S4 和 S6 都有业务联系的职工的"职工号"和"工资",并按"工资"降序存放到所建立的 GJ3 文件中。单击"退出"菜单项,程序终止运行。

(注:相关数据表文件存在于考生文件夹下,菜单创建完成后,运行一次)。

运行结果如下图所示。

★★★

第 2 题

在考生文件夹下,打开学生数据库 SDB,完成如下综合应用:

设计一个表单名为 sform 的表单,表单文件名为 SDISPLAY,表单的标题为"学生课程教师基本信息浏览"。表单上有一个包含三个选项卡的"页框"(Pageframe1)控件和一个"退出"按钮(Command1)。其他功能要求如下:

(1)为表单建立数据环境,向数据环境依次添加 STUDENT 表、CLASS 表和 TEACHER 表。

(2)要求表单的高度为 280,宽度为 450;表单显示时自动在主窗口内居中。

(3)三个选项卡的标签的名称分别为"学生表"(Page1)、"班级表"(Page2)和"教师表"(Page3),每个选项卡分别以表格形式浏览"学生"表、"班级"表和"教师"表的信息。选项卡位于表单的左边距为 18,顶边距为 10,选项卡的高度为 230,宽度为 420。

(4)单击"退出"按钮时关闭表单。

运行结果如下图所示。

✮✮✮

第3题

在考生文件夹下完成如下综合应用：

设计一个表单名为 Form_one、表单文件名为 YEAR_SELECT、表单标题名为"部门年度数据查询"的表单，其表单界面如图所示。其他要求如下：

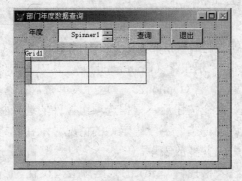

（1）为表单建立数据环境，向数据环境添加 S_T 表(Cursor1)。

（2）当在"年度"标签微调控件(Spinner1)中选择年度并单击"查询"按钮（Command1）时，则会在下边的表格（Grid1）控件内显示该年度各部门的四个季度的"销售额"和"利润"。指定微调控件上箭头按钮（SpinnerHighValue 属性）与下箭头按钮（SpinnerLowValue 属性）值范围为 2010-1999，缺省值（Value 属性）为 2003，增量（Imcrement 属性）为 1。

（3）单击"退出"按钮(Command2)时，关闭表单。

要求：表格控件的 RecordSourceType 属性设置为"4-SQL 说明"。

运行结果如下图所示。

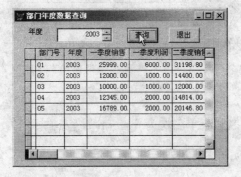

☆☆☆☆☆☆☆☆☆☆☆☆☆☆☆☆☆☆☆☆☆☆☆☆☆☆☆☆☆☆☆☆☆☆☆☆☆☆

第 4 题

设计一个文件名和表单名均为 myaccount 的表单。表单的标题为"外汇持有情况"，界面如图所示。

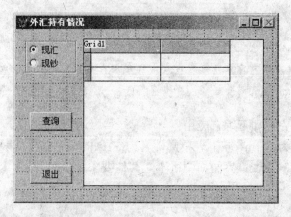

表单中有一个选项按钮组控件（myOption）、一个表格控件（Grid1）以及两个命令按钮"查询"（Command1）和"退出"（Command2）。其中，选项按钮组控件有两个按钮"现汇"（Option1）、"现钞"（Option2）。运行表单时，在选项组控件中选择"现钞"或"现汇"，单击"查询"命令按钮后，根据选项组控件的选择将"外汇账户"表的"现钞"或"现汇"（根据"钞汇标志"字段确定）的情况显示在表格控件中。

单击"退出"按钮，关闭并释放表单。

注：在表单设计器中将表格控件 Grid1 的数据源类型设置为"SQL 说明"。

运行结果如下图所示。

外币代码	金额	
14	80000.0000	
38	60000.0000	
27	00000.0000	
12	0000.0000	
15	2500.0000	
29	7010.0000	

☆☆☆☆☆☆☆☆☆☆☆☆☆☆☆☆☆☆☆☆☆☆☆☆☆☆☆☆☆☆☆☆☆☆☆☆☆☆

第 5 题

建立表单，表单文件名和表单名均为 myform_a，表单标题为"商品浏览"，表单样例如图所示。

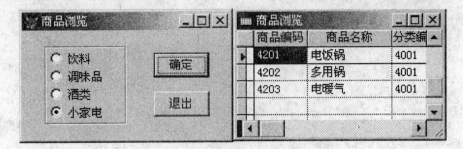

其他功能要求如下:

(1) 用选项按钮组(OptionGroup1)控件选择商品分类(饮料(Option1)、调味品(Option2)、酒类(Option3)、小家电(Option4));

(2) 单击"确定"(Command2)命令按钮,显示选中分类的商品,要求使用 DO CASE 语句判断选择的商品分类(如右图所示);

(3) 在右图所示界面中按 Esc 键返回左图所示界面;

(4) 单击"退出"(Command1)命令按钮,关闭并释放表单。

注: 选项按钮组控件的 Value 属性必须为数值型。

☆☆☆☆☆☆☆☆☆☆☆☆☆☆☆☆☆☆☆☆☆☆☆☆☆☆☆☆☆☆☆☆☆☆☆☆☆☆

第 6 题

在考生文件夹下有学生成绩数据库 XUESHENG3,包括如下所示三个表文件:

(1) XS.DBF(学生文件: 学号 C8,姓名 C8,性别 C2,班级 C5;)

(2) CJ.DBF(成绩文件: 学号 C8,课程名 C20,成绩 N5.1;)

(3) CJB.DBF(成绩表文件: 学号 C8,姓名 C8,班级 C5,课程名 C12,成绩 N5.1)

设计一个名为 XS3 的菜单,菜单中有两个菜单项"计算"和"退出"。程序运行时,单击"计算"菜单项应完成下列操作:

将所有选修了"计算机基础"的学生的"计算机基础"成绩,按成绩由高到低的顺序填列到成绩表文件 CJB.DBF 中(事前须将文件中原有数据清空)。

单击"退出"菜单项,程序终止运行。

☆☆☆☆☆☆☆☆☆☆☆☆☆☆☆☆☆☆☆☆☆☆☆☆☆☆☆☆☆☆☆☆☆☆☆☆☆☆

第 7 题

设计名为 mystu 的表单。表单标题为"学生学习情况浏览"。表单中有一个选项组控件(名为 myoption)、两个命令按钮"计算"和"退出"。其中,选项组控件有两个按钮"升序"和"降序"。根据选择的选项组控件,将选修了"C 语言"的学生的"学号"和"成绩"分别存入 sort1.dbf 和 sort2.dbf 文件中。

单击"退出"按钮将关闭表单，表单运行结果如下图所示。

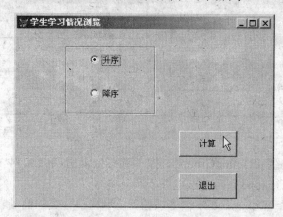

★★★

第 8 题

在考生文件夹下完成如下综合应用。

（1）将 books.dbf 中所有书名中含有"计算机"三个字的图书复制到表 pcbook 中，以下操作均在 pcbook 表中完成。

（2）复制后的图书价格在原价基础上降价 5%。

（3）从图书价格高于 28 员（含 28 元）的出版社中，查询并显示图书价格最低的出版社名称以及价格，查询结果保存在表 new 中（字段名为出版单位和价格）。

（4）编写程序 combook.prg 完成以上操作，并将 combook.prg 保存在考生文件夹中。

★★★

第 9 题

设计名为 bookbd 的表单（控件名为 form1，文件名为 bookbd）。标题为"出版社情况统计"，表单界面如图所示。

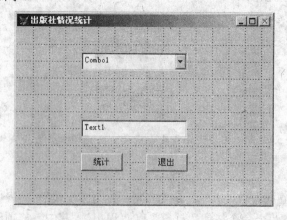

表单中有一个组合框、一个文本框和两个命令按钮"统计"和"退出"。运行表单时组

合框中有四个条目"清华出版社","经济科学出版社","国防出版社","高等教育出版社"可供选择,在组合框中选择出版社名称以后,如果单击"统计"命令按钮,则文本框中显示 books 表中该出版社图书的总数。单击"退出"按钮则关闭表单。

运行结果如下图所示。

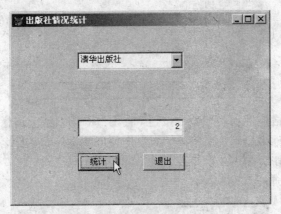

★★★

第 10 题

在考生文件夹下有工资数据库 WAGE3,包括数据表文件:ZG(仓库号 C(4),职工号 C(4),工资 N(4))。

设计一个名为 TJ3 的菜单,菜单中有两个菜单项"统计"和"退出"。程序运行时,单击"统计"菜单项应完成下列操作:检索出工资小于或等于本仓库职工平均工资的职工信息,并将这些职工信息按照"仓库号"升序排列,在"仓库号"相同的情况下,再按"职工号"升序排列存放到 lever 文件中,该数据表文件和 ZG 数据表文件具有相同的结构。

单击"退出"菜单项,程序终止运行。

运行结果如图所示。

★★★

第 11 题

对考生文件夹下的"零件供应"数据库及其中的"零件"表和"供应"表建立如下表单:

设计名为 projectsupply 的表单(表单控件名和文件名均为 projectsupply)。表单的标题为"工程用零件情况浏览",界面如图所示。

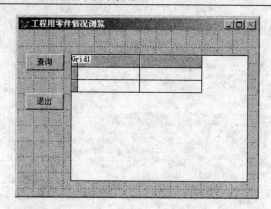

表单中有一个表格控件和两个命令按钮"查询"和"退出"。运行表单时，单击"查询"命令按钮后，表格控件中显示了工程号"J1"所使用的零件的零件名、颜色和重量。

单击"退出"按钮关闭表单。

运行结果如下图所示。

★★★

第 12 题

在考生文件夹下有仓库数据库 CK3，包括如下所示两个表文件：

    CK(仓库号 C(4)，城市 C(8)，面积 N(4))

    ZG(仓库号 C(4)，职工号 C(4)，工资 N(4))

设计一个名为 ZG3 的菜单，菜单中有两个菜单项"统计"和"退出"。程序运行时，单击"统计"菜单项应完成下列操作：检索出所有职工的工资都大于 1220 元的职工所管理的仓库信息，将结果保存在 wh1 数据表（WH1 为自由表）文件中，该表结构和 CK 数据表文件的结构一致，并按"面积"升序排序。

单击"退出"菜单项，程序终止运行。

运行结果如下图所示。

☆☆☆☆☆☆☆☆☆☆☆☆☆☆☆☆☆☆☆☆☆☆☆☆☆☆☆☆☆☆☆☆☆☆☆☆☆☆☆

第 13 题

在考生文件夹下有仓库数据库 CHAXUN3 包括三个表文件：

ZG(仓库号 C(4)，职工号 C(4)，工资 N(4))

DGD(职工号 C(4)，供应商号 C(4)，订购单号 C(4)，订购日期 D，总金额 N(10))

GYS(供应商号 C(4)，供应商名 C(16)，地址 C(10))

设计一个名为 CX3 的菜单，菜单中有两个菜单项"查询"和"退出"。程序运行时，单击"查询"应完成下列操作：检索出"工资"多于 1230 元的职工向"北京"的供应商发出的订购单信息，并将结果按"总金额"降序排列存放在 caigou 文件（和 DGD 文件具有相同的结构，caigou 为自由表）中。

单击"退出"菜单项，程序终止运行。

运行结果如下图所示。

☆☆☆☆☆☆☆☆☆☆☆☆☆☆☆☆☆☆☆☆☆☆☆☆☆☆☆☆☆☆☆☆☆☆☆☆☆☆☆

第 14 题

在考生文件夹下设计名为 supper 的表单（表单的控件名和文件名均为 Supper），表单的标题为"机器零件供应情况"。表单中有一个表格控件和两个命令按钮查询和关闭。

运行表单时单击查询命令按钮后，表格控件中显示"供应"表工程号为"A7"所使用的零件的"零件名"、"颜色"、和"重量"。并将结果放到表 CI 中。

单击"关闭"按钮关闭表单。

运行结果如下图所示。

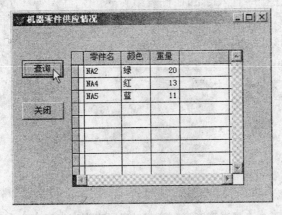

☆☆☆☆☆☆☆☆☆☆☆☆☆☆☆☆☆☆☆☆☆☆☆☆☆☆☆☆☆☆☆☆☆☆☆☆☆☆☆

第 15 题

考生文件夹下存在数据库 spxs，其中包含表 dj 和表 xs，这两个表存在一对多的联系。对数据库建立文件名为 myform 的表单。该表单包含两个表格控件。第一个表格控件用于显示表 dj 的记录，第二个表格控件用于显示与表 dj 当前记录对应的 xs 表中的记录。

表单中还包含一个标题为"退出"的命令按钮，要求单击此按钮退出表单。

运行结果如下图所示。

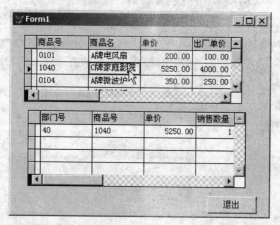

☆☆

第 16 题

现有医院数据库DOCT3，包括三个表文件：YISHENG.DBF(医生)、YAO.DBF(药品)、CHUFANG.DBF(处方)。设计一个名为CHUFANG的菜单，菜单中有两个菜单项"查询"和"退出"。

程序运行时，单击"查询"应完成下列操作：查询同一处方中，包含"感冒"两个字的药品的"处方号"、"药名"和"生产厂"，以及医生的"姓名"和"年龄"，把查询结果按"处方号"升序排序存入result数据表中。result的结构为：（姓名，年龄，处方号，药名，生产厂）。最后统计这些医生的人数（注意不是人次数），并在result中追加一条记录，将"人数"填入该记录的"处方号"字段中。

单击"退出"菜单项，程序终止运行。

(注：相关数据表文件存在于考生文件夹下)

运行结果如图所示。

☆☆

第 17 题

在考生文件夹下，打开Ecommerce数据库，完成如下综合应用（所有控件的属性必须在表单设计器的属性窗口中设置）：

设计一个文件名和表单名均为myform2的表单，表单标题为"客户基本信息"，表单界面如图所示。

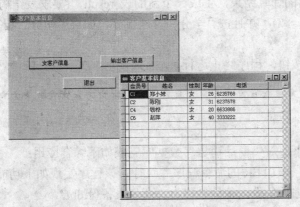

要求该表单上有"女客户信息"(Command1)、"输出客户信息"(Command2)、和"退出"(Command4)三个命令按钮。

各命令按钮功能如下：

（1）单击"女客户信息"按钮，使用 SQL 的 SELECT 命令查询客户表 Customer 中"女客户"的全部信息。

（2）单击"输出客户信息"按钮，调用考生文件夹中的报表文件 myreport 在屏幕上预览（PREVIEW）客户信息。

（3）单击"退出"按钮，关闭表单。

✦✧

第 18 题

对考生文件夹下的数据库"员工管理"中的"员工"表和"职工"表完成如下操作：

（1）为表"职称"增加两个字段"人数"和"明年人数"，字段类型均为整型。

（2）编写命令程序 myprog，查询职工中拥有每种职称的人数，并将其填入表"职称"的"人数"字段中，根据职称表中的"人数"和"增加百分比"，计算"明年人数"的值，如果增加的人数不足一个，则不增加。

（3）运行该程序。

✦✧

第 19 题

在考生文件夹下有表score (含有学号、物理、高数、英语和学分5个字段，具体类型请查询表结构)，其中前4项已有数据。

请编写符合下列要求的程序并运行程序：

设计一个名为myform的表单，表单中有两个命令按钮，标题分别为"计算"和"关闭"。程序运行时，单击"计算"按钮应完成下列操作：

（1）计算每一个学生的总学分并存入对应的"学分"字段。学分的计算方法是：物理60 分以上 (包括 60 分)2 学分，否则 0 分；高数 60 分以上(包括 60 分)3 学分，否则 0 分；英语 60 分以上(包括 60 分) 4 学分，否则 0 分。

（2）根据上面的计算结果，生成一个新的表 result，(要求表结构的字段类型与 score 表对应字段的类型一致)，并且按"学分"升序排序，如果"学分"相等，则按"学号"降序排序。

单击"关闭"按钮，程序终止运行。

★★★★★★★★★★★★★★★★★★★★★★★★★★★★★★★★★★★★★★★

第 20 题

在考生文件夹下，对"商品销售"数据库完成如下综合应用：

（1）编写名为 BETTER 的命令程序并执行，该程序实现如下功能：

将"商品表"进行备份，备份名称为"商品表备份.dbf"。

将"商品表"中的"商品号"前两位编号为"10"的商品的单价修改为出厂价的10%。

（2）设计一个名为"form"标题为"调整"的表单，表单中有两个标题分别为"调整"和"退出"的命令按钮。

单击"调整"命令按钮时，调用 better 命令程序对商品"单价"进行调整。

单击"退出"命令按钮时，关闭表单。

表单文件名保存为 myform。

★★★★★★★★★★★★★★★★★★★★★★★★★★★★★★★★★★★★★★★

第 21 题

对考生文件夹下的 book 表新建一个表单，完成以下要求：表单标题为"图书信息浏览"，文件名保存为 myform，Name 属性为 form1。表单内有一个组合框，一个命令按钮和四对标签和文本框的组合。

表单运行时组合框内是 book 表中所有书名（表内书名不重复）供选择。当选择书名后，四对标签和文本框将分别显示表中除书名字段外的其他四个字段的字段名和字段值。

单击"退出"按钮退出表单。

表单运行界面如图所示。

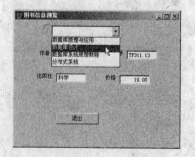

★★★★★★★★★★★★★★★★★★★★★★★★★★★★★★★★★★★★★★

第 22 题

对考生文件夹中的学生表，课程表和选课表新建一个表单，界面如图所示。

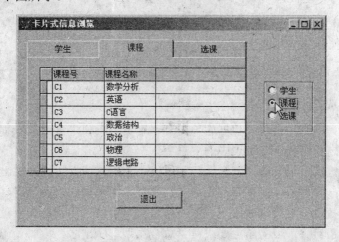

在表单上有一页框，页框内有 3 个选项卡，标题分别为"学生"，"课程"和"选课"。表单运行时对应的三个页面上分别显示"学生"表，"课程"表和"选课"表。

表单上还有一选项按钮组，共有 3 个待选项，标题分别为"学生"，"课程"，"选课"。当单击该选项按钮组选择某一选项时，页框将在对应页面上显示对应表，如单击"课程"选项时，页框将在课程页面上显示课程表。表单上有一命令按钮，标题为"退出"，单击此按钮，表单将退出。

以文件名 myform 保存表单。

运行结果如下图所示。

★★★★★★★★★★★★★★★★★★★★★★★★★★★★★★★★★★★★★★

第 23 题

对考生文件夹下的 student 数据库设计一个表单，表单标题为"宿舍查询"，表单中有三个文本框和两个命令按钮"查询"和"退出"。

运行表单时（如下图所示），在第一个文本框里输入某学生的学号（S1—S9），单击"查询"按钮，则在第二个文本框内会显示该学生的"姓名"，在第三个文本框里会显示该学生的"宿舍号"。

如果输入的某个学生的学号对应的学生不存在，则在第二个文本框内显示"该生不存在"，第三个文本框不显示内容（如下图所示）；如果输入的某个学生的学号对应的学生存在，但在宿舍表中没有该学号对应的记录，则在第二个文本框内显示该生的"姓名"，第三个文本框显示"该生不住校"。

单击"退出"按钮关闭表单。

☆☆☆☆☆☆☆☆☆☆☆☆☆☆☆☆☆☆☆☆☆☆☆☆☆☆☆☆☆☆☆☆☆☆☆☆☆☆☆

第 24 题

在考生文件夹中有"销售"数据库，内有"定货"表和"货物"表。货物表中的"单价"与"数量"之积应等于定货表中的"总金额"。

现在有部分定货表记录的"总金额"字段值不正确，请编写程序挑出这些记录，并将这些记录存放到一个名为"修正"的表中（与定货表结构相同，自己建立），根据货物表的"单价"和"数量"字段修改修正表的"总金额"字段（注意一个修正记录可能对应几条定货记录）。最后修正表的结果要求按"总金额"升序排序。

编写的程序最后保存为myprog.prg。

☆☆☆☆☆☆☆☆☆☆☆☆☆☆☆☆☆☆☆☆☆☆☆☆☆☆☆☆☆☆☆☆☆☆☆☆☆☆☆

第 25 题

在考生文件夹下有学生管理数据库stu_7，该库中有"成绩"表和"学生"表，各表结构如下：

（1）成绩表(学号 C(9)、课程号 C(3)、成绩 N(7.2))，该表用于记录学生的考试成绩，单一个学生可以有多项记录（登记一个学生的多门成绩）。

（2）学生表(学号 C(9)、姓名 C(10)、平均分 N(7.2))，该表是学生信息，一个学生只有一个记录（表中有固定的已知数据）。

请编写并运行符合下列要求的程序：

设计一个名为 myform 的表单，标题为"统计平均成绩"，表单中有两个命令按钮，按钮的标题分别为"统计"和"关闭"。程序运行时，单击"统计"按钮应完成下列操作：

（1）根据成绩表计算每个学生的"平均分"，并将结果存入学生表的"平均分"字段。

（2）根据上面的计算结果，生成一个新的自由表 myfree，该表的字段按顺序取自学生表的"学号"、"姓名"和"平均分"三项，并且按"平均分"升序排序，如果"平均分"相等，则按"学号"升序排序。

单击"关闭"按钮，程序终止运行。

☆☆☆

第 26 题

学籍数据库里有"学生"、"课程"和"选课"三个表，建立一个名为 myview 的视图，该视图包含"学号"、"姓名"、"课程名"和"成绩"4 个字段。要求先按"学号"升序排序，再按"课程名"升序排序。

建立一个名为 myform 的表单，表单标题为"学籍查看"，表单中含有一个表格控件，该控件的数据源是前面建立的视图 myview。在表格控件下面添加一个命令按钮，该命令按钮的标题为"退出"，要求单击按钮时弹出一个对话框提问"是否退出？"，运行时如果选择"是"则关闭表单，否则不关闭。表单运行界面如图所示。

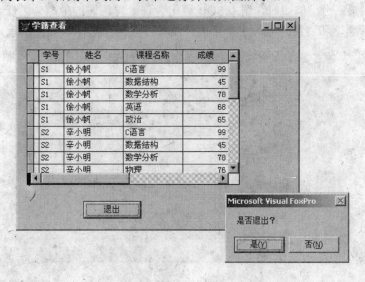

☆☆☆☆☆☆☆☆☆☆☆☆☆☆☆☆☆☆☆☆☆☆☆☆☆☆☆☆☆☆☆☆☆☆☆☆☆

第 27 题

在考生文件夹下有 student 数据库,其中包含表"宿舍"和"学生"。这两个表之间存在一对多的关系。对该数据库建立名为 myform、标题为"住宿管理"的表单文件,完成如下要求:

(1) 在表单中包含两个表格控件,第一个用于显示"宿舍"表中的记录,第二个表格用于显示与"宿舍"表中的当前记录对应的学生表中的记录,如图所示。

(2) 在表单中包含一个"退出"命令按钮,单击该按钮时退出表单。

☆☆☆☆☆☆☆☆☆☆☆☆☆☆☆☆☆☆☆☆☆☆☆☆☆☆☆☆☆☆☆☆☆☆☆☆☆

第 28 题

成绩管理数据库中有 3 个数据库表"学生"、"成绩"和"课程"。建立文件名为 myform 标题为"成绩查询"的表单,表单包含 3 个命令按钮,标题分别为"查询最高分"、"查询最低分"和"退出"。

单击"查询最高分"按钮时,调用 SQL 语句查询出每门课的最高分,查询结果中包含"姓名","课程名"和"最高分"三个字段,结果在表格中显示,如图所示。

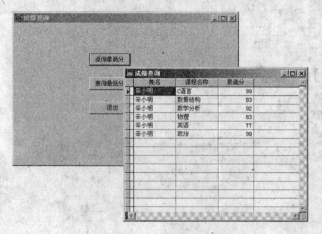

单击"查询最低分"按钮时，调用 SQL 语句查询出每门课的最低分，查询结果中包含"姓名"，"课程名"和"最低分"三个字段，结果在表格中显示。

单击"退出"按钮时关闭表单。

☆☆☆☆☆☆☆☆☆☆☆☆☆☆☆☆☆☆☆☆☆☆☆☆☆☆☆☆☆☆☆☆☆☆☆☆☆☆

第 29 题

SCORE_MANAGER 数据库中含有三个数据库表：STUDENT、SCORE1 和 COURSE。

对 SCORE_MANAGER 数据库数据设计一个如图所示的表单 Myform，表单的标题为"查询成绩"。表单左侧有标签"选择学号"和用于选择"学号"的组合框，在表单中还包括"查询"和"退出"两个命令按钮以及 1 个表格控件。

表单运行时，用户在组合框中输入学号，单击"查询"按钮，在表单右侧以表格形式显示该生所选"课程名"和"成绩"。单击"退出"按钮，关闭表单。

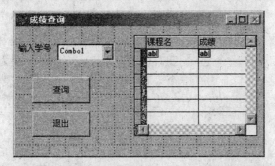

运行结果如下图所示。

☆☆☆☆☆☆☆☆☆☆☆☆☆☆☆☆☆☆☆☆☆☆☆☆☆☆☆☆☆☆☆☆☆☆☆☆☆☆

第 30 题

在考生文件夹下，打开student数据库，完成如下综合应用（所有控件的属性必须在表单设计器的属性窗口中设置）：

设计一个名称为myform的表单，表单的标题为"学生住宿信息浏览"。表单上设计一个包含三个选项卡的"页框"和一个"退出"命令按钮，界面如图所示。

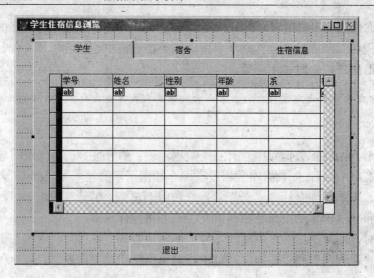

要求如下：

（1）为表单建立数据环境，按顺序向数据环境添加"住宿"表和"学生"表。

（2）按从左至右的顺序三个选项卡的标签（标题）的名称分别为 "学生"、"宿舍"和"住宿信息"，每个选项卡上均有一个表格控件，分别显示对应表的内容，其中住宿信息选项卡显示如下信息：学生表里所有学生的信息，加上所住宿舍的电话（不包括年龄信息）。

（3）单击"退出"按钮关闭表单。

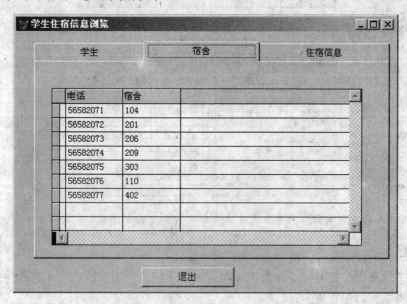

☆☆☆☆☆☆☆☆☆☆☆☆☆☆☆☆☆☆☆☆☆☆☆☆☆☆☆☆☆☆☆☆☆☆☆☆☆☆☆

第 31 题

建立满足如下要求的应用并运行，所有控件的属性必须在表单设计器的属性窗口中设置：

（1）建立一个表单 myform，标题为"定货信息浏览"。其中包含两个表格控件，第一个表格控件用于显示表 customer 中的记录，第二个表格控件用于显示与表 customer 中当前记录对应的 order 表中的记录。

要求两个表格尺寸相同、水平对齐。

（2）建立一个菜单 mymenu，该菜单只有一个菜单项"退出"，该菜单项对应于一个过程，并且含有两条语句，第一条语句是关闭表单 myform，第二条语句是将菜单恢复为默认的系统菜单。

（3）在 myform 的 Load 事件中执行生成的菜单程序 mymenu.mpr。

运行结果如下图所示。

☆☆☆☆☆☆☆☆☆☆☆☆☆☆☆☆☆☆☆☆☆☆☆☆☆☆☆☆☆☆☆☆☆☆☆☆☆

第 32 题

对考生文件夹中的 salarydb 数据库完成如下综合应用。设计一个文件名和表单名均为 myform 的表单。表单的标题设为"工资发放额统计"。表单中有一个组合框、两个文本框和一个命令按钮"退出"。

运行表单时，组合框中有部门表中的"部门号"可供选择，选择某个"部门号"以后，第一个文本框显示出该部门的"名称"，第二个文本框显示应该发给该部门的"工资总额"。

单击"退出"按钮关闭表单。

运行结果如下图所示。

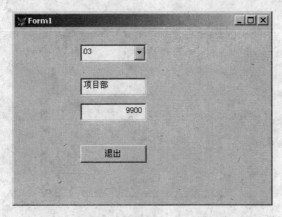

☆☆☆☆☆☆☆☆☆☆☆☆☆☆☆☆☆☆☆☆☆☆☆☆☆☆☆☆☆☆☆☆☆☆☆☆☆

第 33 题

设计名为myfrom的表单。表单的标题为"零件供应情况"。表单中有一个表格控件和两个命令按钮"查询"和"退出"。

运行表单时，单击"查询"命令按钮后，表格控件中显示了工程号"J1"所使用的零件的零件名、颜色、和重量。

单击"退出"按钮关闭表单。

运行结果如下图所示。

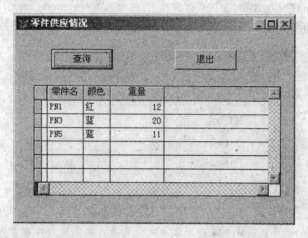

☆★☆★☆★☆★☆★☆★☆★☆★☆★☆★☆★☆★☆★☆★☆★☆★☆★☆★☆★☆

第 34 题

SCORE_MANAGER数据库中含有三个数据库表STUDENT、SCORE1和COURSE。为了对SCORE_MANAGER数据库数据进行查询，设计一个表单Myform，表单标题为"成绩查询"；表单有"查询"和"退出"两个命令按钮。

表单运行时，单击"查询"按钮，查询每门课程的最高分，查询结果中含"课程名"和"最高分"字段，结果按课程名升序保存在表mytable中。

单击"退出"按钮，关闭表单。

运行结果如下图所示。

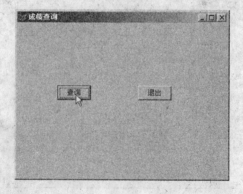

☆★☆★☆★☆★☆★☆★☆★☆★☆★☆★☆★☆★☆★☆★☆★☆★☆★☆★☆★☆

第 35 题

设计一个文件名为myform的表单，所有控件的属性必须在表单设计器的属性窗口中设置。表单的标题设为"零件金额统计"。表单中有一个组合框（combo1）、一个文本框（text1）和一个命令按钮"退出"。

运行表单时，组合框中有"s1"、"s2"、"s3"、"s4"、"s5"、"s6"等项目信息，表中的项目号可供选择，选择某个项目号以后，则文本框显示出组合框里的"项目"号对应的项目所用零件的"金额"（某种零件的金额=单价*数量）。

单击"退出"按钮关闭表单。

运行结果如下图所示。

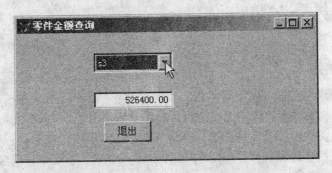

☆☆

第 36 题

将order_detail表全部内容复制到od表，对od表编写完成如下功能的程序：

（1）把"订单号"尾部字母相同并且订货相同（"器件号"相同)的订单合并为一张订单，新的"订单号"取原来的尾部字母，"单价"取最低价，"数量"取合计；

（2）生成结果先按新的"订单号"升序排序，再按"器件号"升序排序；

（3）最终记录的处理结果保存在newtable表中；

（4）最后将程序保存为prog1.prg，并执行该程序。

☆☆

第 37 题

考生文件夹下存在数据库"书籍"，其中包含表 authors 和表 books，这两个表存在一对多的联系。

对该数据库建立文件名为 myform 的表单，其中包含两个表格控件。第一个表格控件用于显示表 authors 的记录，第二个表格控件用于显示与表 books 当前记录对应的 authors 表中的记录。

表单中还包含一个标题为"退出"的命令按钮，要求单击此按钮退出表单。

运行结果如下图所示。

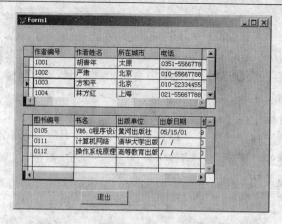

★★

第 38 题

对考生目录下的数据库"学籍"建立文件名为 myform 的表单，标题为"学籍浏览"。

表单含有一个表格控件，用于显示用户查询的信息；表单上有一个按钮选项组，含有"学生"，"课程"和"选课"三个选项按钮。表单上有一个命令按钮，标题为"退出"。当选择"学生"选项按钮时，在表格中显示学生表的全部字段；选择"课程"选项按钮时，表格中显示课程表的字段课程号；选择"选课"选项按钮时，表格中显示成绩在 60 分以上（含 60 分）的"课程号"、"课程名称"和"成绩"。

单击"退出"按钮退出表单。

运行结果如下图所示。

★★

第 39 题

对"图书借阅"数据库中的表 borrows、loans 和 book，建立文件名为 myform 的表单，标题为"图书借阅浏览"，表单上有三个命令按钮"读者借书查询"、"书籍借出查询"和"退出"。

单击"读者借书查询"按钮，查询出 02 年 3 月下旬借出的书的所有的读者的"姓名"、"借书证号"和"图书登记号"，同时将查询结果保存在表 table1 中。

单击"书籍借出查询"按钮，查询借"数据库设计"一书的所有读者的"借书证号"

和"借书日期"，结果中含"书名"、"借书证号"和"日期"字段，同时保存在表 table2 中。

单击"退出"按钮关闭表单。

设计完成后运行该表单，运行结果如下图所示。

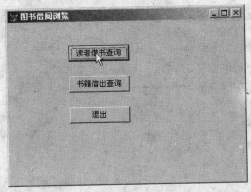

✮✮

第 40 题

为order_detail表增加一个新字段"新单价"（类型与原来的单价字段相同），编写满足如下要求的程序：根据order_list表中的"订购日期"字段的值确定order_detail表的"新单价"字段的值，原则是：订购日期为2001年的"新单价"字段的值为原单价的90%，订购日期为2002年的"新单价"字段的值为原单价的110%（注意：在修改操作过程中不要改变order_detail表记录的顺序），将order_detail表中的记录存储到newtable表中（表结构与order_detail表完全相同）。

最后将程序保存为prog1.prg，并执行该程序。

✮✮

第 41 题

为"部门"表增加一个新字段"人数"，编写满足如下要求的程序：根据"雇员"表中的"部门号"字段的值确定"部门"表的"人数"字段的值，即对雇员表中的记录按"部门号"归类。将"部门"表中的记录存储到 dep 表中（表结构与部门表完全相同）。最后将程序保存为 myproj.prg，并执行该程序。

✮✮

第 42 题

考生文件夹下有 ord 表和 cust 表，设计一个文件名为 myform 的表单，表单中有两个命令按钮，按钮的标题分别为"计算"和"退出"。

程序运行时，单击"计算"按钮应完成下列操作：

（1）计算 cust 表中每个订单的"总金额"（总金额为 ord 中订单号相同的所有记录的"单价"*"数量"的总和）。

（2）根据上面的计算结果，生成一个新的自由表 newtable，该表只包括"客户号"、"订单号"和"总金额"等项，并按"客户号"升序排序。

单击"退出"按钮，程序终止运行。

运行结果如下图所示。

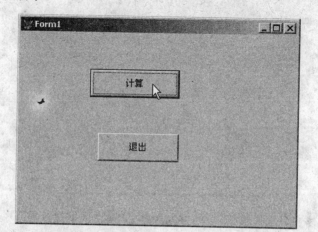

☆☆☆☆☆☆☆☆☆☆☆☆☆☆☆☆☆☆☆☆☆☆☆☆☆☆☆☆☆☆☆☆☆☆☆☆☆

第 43 题

（1）根据数据库 student 中的表"宿舍"和"学生"建立一个名为 view1 的视图，该视图包含字段"姓名"、"学号"、"系"、"宿舍"和"电话"。要求根据学号排序（升序）。

（2）建立一个表单，文件名为 myform，在表单上显示前面建立的视图。在表格控件下面添加一个命令按钮，标题为"退出"。单击该按钮退出表单。

运行结果如下图所示。

☆☆☆☆☆☆☆☆☆☆☆☆☆☆☆☆☆☆☆☆☆☆☆☆☆☆☆☆☆☆☆☆☆☆☆☆☆

第 44 题

对考生目录下的数据库 rate 建立文件名为 myform 的表单。表单含有一个表格控件，用于显示用户查询的信息；表单上有一个按钮选项组，含有"外币"浏览，"各人持有量"和"各人资产"三个选项按钮；表单上有一个命令按钮，标题为"浏览"。

当选择"外币浏览"选项按钮并单击"浏览"按钮时，在表格中显示 hl 表的全部字段；选择"各人持有量"选项按钮并单击"浏览"按钮时，表格中显示 sl 表中的"姓名"，hl 表中的"外币名"和 sl 表中的"持有数量"；选择"各人资产"选项按钮并单击"浏览"按钮时，表格中显示 sl 表中每个人的"总资产"（每个人拥有的所有外币中的每种外币的"基准价"*"持有数量"的总和）。

单击"退出"按钮退出表单。

界面如图所示。

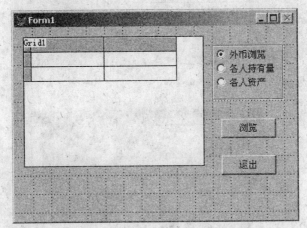

运行结果如下图所示。

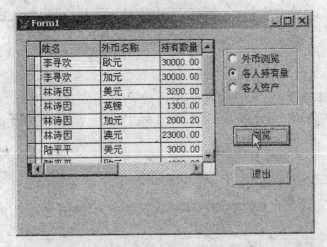

✰✰✰✰✰✰✰✰✰✰✰✰✰✰✰✰✰✰✰✰✰✰✰✰✰✰✰✰✰✰✰✰✰✰✰✰✰✰

第 45 题

ec 数据库中含有"购买"和"会员"两个数据库表。对 ec 数据库设计一个表单 myform。表单的标题为"会员购买统计"。表单左侧有标题为"请选择会员"标签和用于选择"会员号"的组合框以及"查询"和"退出"两个命令按钮。表单中还有 1 个表格控件。

　　表单运行时，用户在组合框中选择会员号，单击"查询"按钮，在表单上的表格控件显示查询该会员的"会员号"、"会员名"和所购买的商品的"总金额"。

　　单击"退出"按钮，关闭表单。

　　表单界面如图所示。

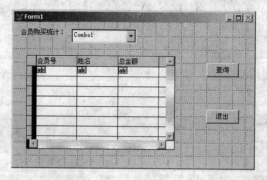

　　运行结果如下图所示。

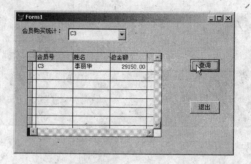

☆☆☆☆☆☆☆☆☆☆☆☆☆☆☆☆☆☆☆☆☆☆☆☆☆☆☆☆☆☆☆☆☆☆☆☆☆☆☆

第 46 题

　　考生文件夹下存在数据库 ec，其中包含表"购买"和表"会员"，这两个表存在一对多的联系。对 ec 数据库建立文件名为 myform 的表单，其中包含两个表格控件。

　　第一个表格控件用于显示表"会员"的记录，第二个表格控件用于显示与表"会员"当前记录对应的"购买"表中的记录。

　　表单中还包含一个标题为"退出"的命令按钮，单击此按钮退出表单。

　　运行结果如下图所示。

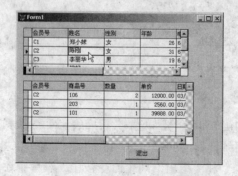

★★

第 47 题

对考生文件夹下表 kehu 和 dinghuo 完成如下操作：

（1）为表 kehu 增加一个字段，字段名为"应付款"，字段类型为数值型，宽度为 10，小数位数为 2。

（2）编写程序 myproj 统计表 dinghuo 中每个客户的费用总和，并将该值写入表 kehu 的对应客户的"应付款"字段。

（3）运行该程序。

★★

第 48 题

对考生目录下的数据库"医院管理"建立文件名为 myform 的表单。表单含有一个表格控件，用于显示用户查询的信息；表单上有一个按钮选项组，含有"查询药"，"查询处方"和"综合查询"三个选项按钮；表单上有两个命令按钮，标题分别为"浏览"和"退出"。

当选择"查询药"选项按钮并单击"浏览"按钮时，在表格中显示"药"表的全部字段。

选择"查询处方"选项按钮并单击"浏览"按钮，表格中显示"处方"表的字段"处方号"和"药编号"。

选择"综合查询"选项按钮并单击"浏览"按钮时，表格中显示所开处方中含有"药编号"为"药"的处方号、药名及开此处方的医生姓名。

单击"退出"按钮退出表单。

运行结果如下图所示。

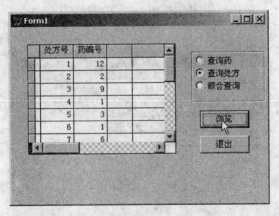

★★

第 49 题

对"出勤"数据库中的表"出勤情况"，建立文件名为 myform 的表单，标题为"出勤情况查看"，表单上有一个表格控件和三个命令按钮"查看未迟到"、"查看迟到"和"退出"。

单击"查看未迟到"按钮，查询出勤情况表中每个人的"姓名"、"出勤天数"和"未迟到天数"，其中"未迟到天数"为"出勤天数"减"去迟到天数"。结果在表格控件中显示，同时保存在表 table1 中。

单击"查看迟到"按钮，查询迟到天数在 1 天以上的人的所有信息，结果在表格控件中显示，同时保存在表 table2 中。

单击"退出"按钮关闭表单。

运行结果如下图所示。

☆☆

第 50 题

仓库管理数据库中含有三个数据库表"订单"、"职工"和"供应商"。设计一个表单 myform，表单的标题为"仓库管理"。表单左侧有标题为"请输入订购单号"标签，和用于输入订购单号的文本框，以及"查询"和"退出"两个命令按钮和 1 个表格控件。

表单运行时，用户在组合框中选择"订购单号"（如 OR73），单击"查询"按钮，查询出对应的订购单的"供应商名"，"职工号"，所放"仓库号"和"订购日期"。表单的表格控件用于显示查询结果。单击"退出"按钮，关闭表单。

表单界面如图所示。

运行结果如下图所示。

★★★

第 51 题

考生文件夹下存在数据库"产品管理"，其中包含表"产品"和表"产品类型"，这两个表存在一对多的联系。建立文件名为 myform 的表单，其中包含两个表格控件。

第一个表格控件用于显示表"产品类型"的记录，第二个表格控件用于显示与"产品类型"表当前记录对应的"产品"表中的记录。

表单中还包含一个标题为"退出"的命令按钮，要求单击此按钮退出表单。

运行结果如下图所示。

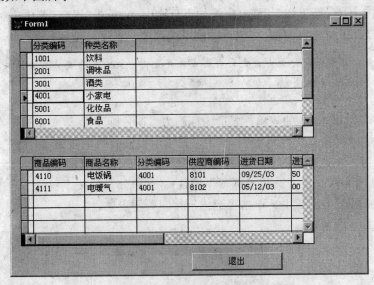

★★★

第 52 题

设计文件名为 myform 的表单。表单的标题设为"产品类型统计"。表单中有一个组合框、两个文本框和两个命令按钮，标题分别为"统计"和"退出"。

运行表单时，组合框中有产品类型"分类编码"可供选择，在做出选择以后，单击"统计"命令按钮，则第一个文本框显示出"产品类型"名称，第二个文本框中显示出"产品"表中拥有这种产品类型产品的记录数。

单击"退出"按钮关闭表单。

运行结果如下图所示。

★★

第 53 题

在考生文件夹下有"职员管理"数据库 staff，数据库中有 YUANGONG 表和 ZHICHENG 表，编写并运行符合下列要求的程序：

设计一个名为 mymenu 的菜单，菜单中有两个菜单项"计算"和"退出"。程序运行时，单击"计算"菜单项应完成下列操作：在表 yuangong 中增加一新的字段：新工资 N(10.2)。

然后计算 YUANGONG 表的"新工资"字段，方法是根据 ZHICHENG 表中相应职称的增加百分比来计算：新工资=工资*(1+增加百分比/100)。单击"退出"菜单项对应命令 SET SYSMENU TO DEFAULT，使之可以返回到系统菜单，程序终止运行。

★★

第 54 题

设计文件名为 myform 的表单。表单的标题为"积分排序"。表单中有一个选项组控件和两个命令按钮"排序"和"退出"。其中，选项组控件有两个按钮"升序"和"降序"。

表单运行时，在选项组控件中选择"升序"或"降序"。单击"排序"命令按钮后，按照"升序"或"降序"(根据选择的选项组控件)将"积分"表按"积分"升序或降序排序后存入表 table1 或表 table2 中。单击"退出"按钮关闭表单。

运行结果如下图所示。

✫✫✫✫✫✫✫✫✫✫✫✫✫✫✫✫✫✫✫✫✫✫✫✫✫✫✫✫✫✫✫✫✫✫✫✫✫✫✫

第 55 题

在考生文件夹下，对"支出"数据库完成如下综合应用：

（1）建立一个名称为 myview 的视图，查询结果中包括"工资"字段和"日常支出"表中的全部字段。

（2）设计一个名称为 myform 的表单，表单上设计一个页框，页框有"视图"和"表"两个选项卡，在表单的右下角有一个"退出"命令按钮。要求如下：

1）表单的标题为"支出浏览"。

2）单击选项卡"视图"时，在选项卡中使用表方式显示 myview 视图中的记录。

3）单击选项卡"表"时，在选项卡中使用"表格"方式显示表日常支出的记录。

4）单击"退出"命令按钮时，关闭表单。

运行结果如下图所示。

✫✫✫✫✫✫✫✫✫✫✫✫✫✫✫✫✫✫✫✫✫✫✫✫✫✫✫✫✫✫✫✫✫✫✫✫✫✫✫

第 56 题

设计名为mystock的表单（控件名，文件名均为mystock）。表单的标题为"股票持有情况"。表单中有两个文本框（text1和text2）和两个命令按钮"查询"和"退出"。

运行表单时，在文本框text1中输入某一股票的汉语拼音，单击"查询"，则text2中会显示出相应股票的持有数量。

单击"退出"按钮关闭表单。

运行结果如下图所示。

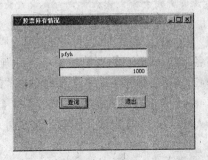

★★★

第 57 题

对数据库salarydb设计一个文件名为myform的表单，上面有"调整"和"退出"两个命令按钮。

单击"调整"命令按钮时，利用"工资调整"表c_salary1的"工资"，对salarys表的"工资"进行调整（请注意：按"雇员号"相同进行调整，并且只是部分雇员的工资进行了调整，其他雇员的工资不动）。最后将salarys表中的记录存储到od_new表中（表结构与salarys表完全相同）。

单击"退出"命令按钮时，关闭表单。

运行结果如下图所示。

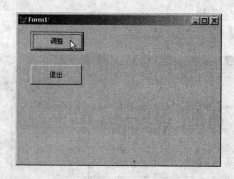

★★★

第 58 题

在考生文件夹下有股票管理数据库stock，数据库中有mm表，mm表中一只股票对应多个记录，请编写并运行符合下列要求的程序：

（1）设计一个名为stock_m菜单，菜单中有两个菜单项"计算"和"退出"。程序运行时，单击"计算"菜单项应完成的操作是计算每支股票的买入次数和(买入时的)最高价，存入cs表中，买卖标记.T.（表示买进）（注意：cs表中的记录按股票代码从小到大的物理顺序存放）。

（2）根据cs表计算买入次数最多的"股票代码"和"买入次数"存储到的x表中(与cs表对应字段名称和类型一致)。

单击"退出"菜单项，程序终止运行。

★★★

第 59 题

设计一个表单名和文件名均为myform的表单，表单的标题为"外币市值情况"。表单中有两个文本框（text1和text2）和两个命令按钮"查询"和"退出"。

运行表单时，在文本框 text1 中输入某人的姓名，单击"查询"，则 text2 中会显示出他所持有的全部外币相当于人民币的价值数量。注意：某种外币相当于人民币数量的计算公式：人民币价值数量=该种外币的"现钞买入价"×该种外币"持有数量"。

单击"退出"按钮时关闭表单。

运行结果如下图所示。

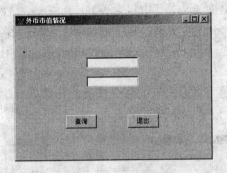

★★

第 60 题

考生文件夹下有学生管理数据库student，数据库中有score表。表的前五个字段已有数据。

请编写并运行符合下列要求的程序：

设计一个名为form_stu的表单，表单中有两个命令按钮，按钮的名称分别为cmdYes和cmdNo，标题分别为"计算"和"关闭"。

程序运行时，单击"计算"按钮应完成下列操作：

（1）计算每一个学生的总成绩。总成绩的计算方法是：考试成绩+加分，加分的规则是：如果该生是少数民族（相应数据字段为.T.）加分5分，优秀干部加分10分，三好生加分20分，加分不累计，取最高的。例如，如果该生既是少数民族又是三好生，加分为20分。如果都不是，总成绩=考试成绩。

（2）根据上面的计算结果，生成一个新的自由表ZCJ，该表只包括"学号"和"总成绩"两项，并按"总成绩"的升序排序，如果"总成"绩相等，则按"学号"的升序排序。

单击"关闭"按钮，程序终止运行。

运行结果如下图所示。

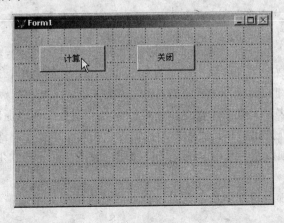

★★★★★★★★★★★★★★★★★★★★★★★★★★★★★★★★★★★★★★★

第 61 题

考生文件夹下存在数据库 spxs，其中包含表 bm 和表 xs，这两个表存在一对多的联系。对数据库建立文件名为 myform 的表单，其中包含两个表格控件。

第一个表格控件用于显示表 bm 的记录，第二个表格控件用于显示与表 bm 当前记录对应的 xs 表中的记录。

表单中还包含一个标题为"退出"的命令按钮，要求单击此按钮退出表单。

运行结果如下图所示。

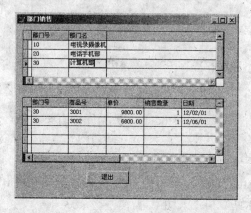

★★★★★★★★★★★★★★★★★★★★★★★★★★★★★★★★★★★★★★★

第 62 题

对考生文件夹下的数据库"图书借阅"中的表完成如下操作：

（1）为表 loans 增加一个字段"姓名"，字段类型为"字符型"，宽度为 8。

编写程序 myprog 完成以下两小题：

（2）根据 borrows 表的内容填写表 loans 中"姓名"的字段值。

（3）查询表 loans 中 02 年 3 月 20 日的借书记录，并将查询结果输入表 newtable 中。

（4）运行该程序。

★★★★★★★★★★★★★★★★★★★★★★★★★★★★★★★★★★★★★★★

第 63 题

对考生目录下的数据库"学籍"建立文件名为 myform 的表单。表单含有一个表格控件，用于显示用户查询的信息；表单上有一个按钮选项组，含有"课程"、"学生"和"综合"三个选项按钮；表单上有两个命令按钮，标题为"浏览"和"退出"。

选择"课程"选项按钮并单击"浏览"按钮时，在表格中显示"课程"表的全部字段；

选择"学生"选项按钮并单击"浏览"按钮时，表格中显示"学生"表的字段"学号"和"姓名"；

选择"综合"选项按钮并单击"浏览"按钮时，表格中显示"姓名"、"课程号"及该生该门课的"成绩"。

单击"退出"按钮退出表单。表单界面如图所示。

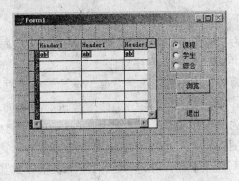

运行结果如下图所示。

☆☆☆☆☆☆☆☆☆☆☆☆☆☆☆☆☆☆☆☆☆☆☆☆☆☆☆☆☆☆☆☆☆☆☆☆☆

第 64 题

对学籍数据库中的表课程、学生和成绩，建立文件名为 myform 的表单，标题为"学籍浏览"，表单上有三个命令按钮"查询成绩"、"平均成绩"和"退出"。

单击"查询成绩"按钮，查询"建筑系"所有学生的"考试成绩"，结果中含"学号"、"课程编号"和"成绩"等字段，查询结果保存在表 table1 中。

单击"平均成绩"按钮，查询"成绩"表中各人的"平均成绩"，结果中包括字段"姓名"、"课程名称"和"平均成绩"，查询结果保存在表 table2 中。

单击"退出"按钮关闭表单。

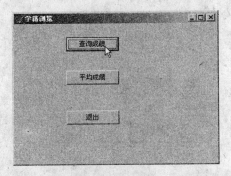

☆☆☆☆☆☆☆☆☆☆☆☆☆☆☆☆☆☆☆☆☆☆☆☆☆☆☆☆☆☆☆☆☆☆☆☆☆

第 65 题

在考生文件夹下，对"学籍"数据库完成如下综合应用：

（1）建立一个名称为"视图 1"的视图，查询"成绩"表中每个人的"姓名"、"学号"、"课程号"和"成绩"，并按"学号"升序排序。

（2）设计一个名称为 myform 的表单，表单上设计一个页框，页框有"视图"和"表"两个选项卡，在表单的右下角有一个"退出"命令按钮。要求如下：

1）表单的标题名称为"成绩查看"。

2）单击选项卡"视图"时，在选项卡中使用表格方式显示"视图 1"中的记录。

3）单击选项卡"表"选项卡时，在选项卡中使用表格方式显示"成绩"表中的记录。

4）单击"退出"命令按钮时，关闭表单。

运行结果如下图所示。

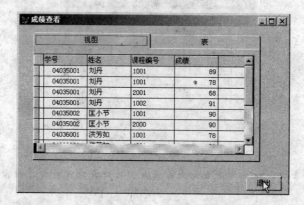

★★

第 66 题

在考生文件夹下有 rate 数据库，数据库中有 hl 表和 sl 表。设计一个名为 mymenu 的菜单，菜单中有两个菜单项"计算"和"退出"。

程序运行时，单击"计算"菜单项应完成下列操作：查询出 sl 表中每个人拥有的外币的"代码"，"名称"，"数量"，"现价"，"买入价"，"基准价"，"净赚"（净赚等于现价减去买入价乘以数量）和"现值"（现值等于基准价乘以数量），查询结果按姓名升序排列，并将查询结果存入表 mytable 中。

单击"退出"菜单项，程序终止运行，退出菜单。

运行结果如下图所示。

★★

第 67 题

设计文件名为 myform 的表单。表单的标题设为"订单客户统计"。表单中有一个组合框、一个文本框和两个命令按钮。

运行表单时,组合框中有"客户代码"(组合框中的客户代码不重复)可供选择,在组合框中选择"客户代码"后,如果单击"统计"命令按钮,则文本框显示出该客户的定货记录数。

单击"退出"按钮关闭表单。

运行结果如下图所示。

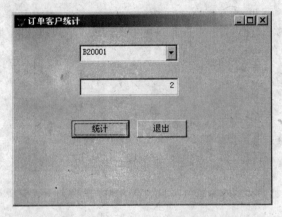

★★

第 68 题

(1)根据数据库书籍中的表 authors 和 books 建立一个名为"视图 1"的视图,该视图包含 books 表中的所有字段和每本图书的"作者"。要求根据"作者姓名"升序排序。

(2)建立一个表单,文件名为 myform,表单标题为"图书与作者"。表单中包含一个表格控件,该表格控件的数据源是前面建立的视图。

在表格控件下面添加一个命令按钮,单击该按钮退出表单。

运行结果如下图所示。

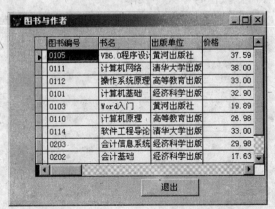

★★

第 69 题

设计文件名为 myform 的表单。表单的标题为"统计处方药价"。表单中有一个选项组控件和两个命令按钮"排序"和"退出"。其中，选项组控件有两个按钮"升序"和"降序"。

运行表单时，在选项组控件中选择"升序"或"降序"，单击"排序"命令按钮，查询"处方"表中每个处方的药物总价（用药数量乘以药表中药物单价），查询结果中包括"处方号"，"总药价"和"职工号"，并按"药物总价"升序或降序（根据选项组控件）将查询结果分别存入表 table1 或表 table2 中。

单击"退出"按钮关闭表单，表单运行结果如下图所示。

★★

第 70 题

在考生文件夹下，对"医院管理"数据库完成如下综合应用：设计一个名称为 myform 的表单，表单上设计一个页框和一个选项按钮组。页框有"药"、"医生"和"处方"三个选项卡，选项按钮组内有三个按钮，标题分别为"药"、"医生"和"处方"，分别放置数据库中对应的表。在表单的右下角有一个"退出"命令按钮。要求如下：

（1）表单的标题名称为"医院数据表查看"，界面如图所示。

（2）单击选项按钮组的某个按钮时，页框当前页为含有对应表的那一页。如单击"药"按钮时，页框当前页为"药"选项卡。

（3）单击"退出"命令按钮时，关闭表单。

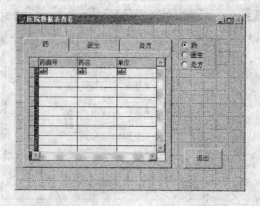

表单运行结果如下图所示。

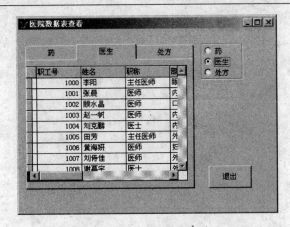

★★

第71题

在考生文件夹下有"医院管理"数据库。设计一个名为"菜单 1"的菜单，菜单中有两个菜单项"计算"和"退出"。

程序运行时：

（1）单击"计算"菜单项应完成下列操作：查询"处方"表中，每个处方的所有信息和开方的"医生姓名"、"医生的职工号"、所用的"药编号"、"药名"和"总药价"（等于用药数量乘以药单价），并按"总药价"降序排列，如果"总药价"相等，则按"职工号"升序排列。将查询结果存如表 mytable 中。

（2）单击"退出"菜单项，程序终止运行。

菜单运行结果如下图所示。

★★

第72题

考生文件夹下有学生管理数据库 salarydb，数据库中有"职工"表和"部门"表，请编写并运行符合下列要求的程序：设计一个文件名为 myform 的表单，表单中有两个命令按钮，按钮的标题分别为"计算"和"退出"。

程序运行时，单击"计算"按钮应完成下列操作：

1）计算"工资"表中每个人的应得工资，其中"应得工资"等于"工资+补贴+奖励-医疗统筹-失业保险"，计算结果包含"工资"表的所有字段和"应得工资"字段。

2）计算每个部门的应发工资总额，结果包括"部门号"，"部门名"和"应发工资总额"。

3）将以上两个计算结果分别存如表 table1 和 table2 中。

单击"退出"按钮，程序终止运行。

运行结果如下图所示。

101

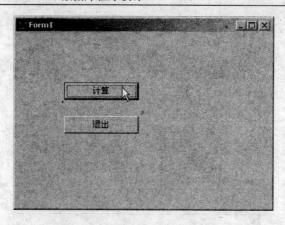

★★★

第 73 题

（1）根据数据库 salarydb 中的表"工资"和"部门"建立一个名为 myview 的视图，该视图包含字段"部门号"、"部门名"、"雇员号"、"姓名"和"应发工资"。其中"应发工资"等于"工资+补贴+奖励-医疗统筹-失业保险"。要求根据部门号升序排序，同一部门内根据雇员号升序排序。

（2）建立一个表单，文件名为 myform，表单中包含一个表格控件，该表格控件的数据源是前面建立的视图。在表格控件下面添加一个命令按钮，单击该按钮退出表单。

运行结果如下图所示。

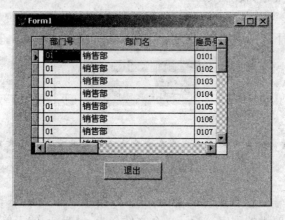

★★★

第 74 题

表 yuangong 中字段"加班费"的值为空，编写满足如下要求的程序：

根据 zhiban 表中的夜和昼的加班费的值和 yuangong 表中各人昼夜值班的次数确定 yuangong 表的"加班费"字段的值，（注意：在修改操作过程中不要改变 yuangong 表记录的顺序）。

最后将程序保存为 prog1.prg，并执行该程序。

☆☆

第 75 题

医院管理数据库中含有三个数据库表"药"、"处方"和"医生"。对数据库数据设计一个表单 myform，表单的标题为"查询处方"。表单左侧有标签"请选择处方号"和用于选择"处方号"的组合框以及"查询"和"退出"两个命令按钮，表单中还有一个表格控件，表单布局如图所示。

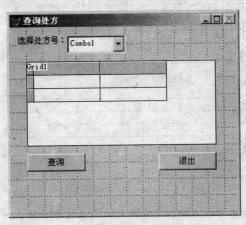

表单运行时，用户在组合框中选择处方号，单击"查询"按钮，查询所选择的"处方号"对应的处方的"处方号"、开方"医生姓名"、所开药品的"药名"和"数量"。在表单右侧的表格控件中显示查询结果。

单击"退出"按钮，关闭表单。

运行结果如下图所示。

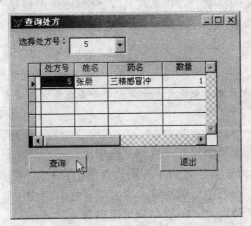

☆☆

第 76 题

考生文件夹下存在数据库学籍，其中包含表"课程"和表"成绩"，这两个表存在一对多的联系。

对学籍数据库建立文件名为 myform 的表单，表单标题为"课程成绩查看"，其中包含两个表格控件。第一个表格控件用于显示表"课程"的记录，第二个表格控件用于显示与"课程"表当前记录对应的"成绩"表中的记录。

表单中还包含一个标题为"退出"的命令按钮，要求单击此按钮退出表单。

运行结果如下图所示。

☆☆☆

第 77 题

对考生文件夹下的数据库 student 中的表"宿舍"和"学生"完成如下设计：

（1）为表"宿舍"增加一个字段"楼层"，字段类型为"字符型"，宽度为 2。

（2）编写程序 myproj，将表宿舍的"楼层"字段更新为"宿舍"字段值的第一位，并查询住在个楼层的学生的"学号"和"姓名"，查询结果中包括"楼层"、"学号"和"姓名"三个字段，并按"楼层"升序排序，同一楼层按"学号"升序排序，查询结果存入表 newtable 中。

（3）运行该程序。

☆☆☆

第 78 题

对考生目录下的数据库"学籍"完成如下应用：

建立文件名为 myform 的表单，表单标题为"学籍查看"。表单含有一个表格控件，用于显示用户查询的信息；一个按钮选项组，含有"课程"、"学生"和"成绩"三个选项按钮及两个命令按钮，标题分别为"浏览"和"退出"。

在表单运行时：

（1）选择"课程"选项按钮并单击"浏览"按钮时，在表格中显示"课程"表的记录。

（2）选择"学生"选项按钮并单击"浏览"按钮时，表格中显示"学生"表的记录。

（3）选择"成绩"选项按钮并单击"浏览"按钮时，表格中显示"成绩"表的记录。

（4）单击"退出"按钮退出表单。

要求："浏览"按钮的事件使用 SQL 语句编写。

运行结果如下图所示。

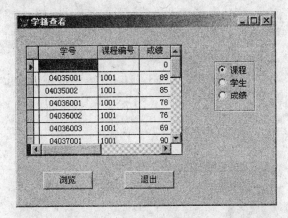

★★★

第 79 题

对员工管理数据库中的表"员工"和"职称"，建立文件名为"表单 1"的表单，标题为"员工管理"，表单上有一个表格控件和三个命令按钮，标题分别为"按职称查看"、"人数统计"和"退出"。

当表单运行时：

（1）单击"按职称查看"按钮，以"职称代码"排序查询员工表中的记录，结果在表格控件中显示。

（2）单击"人数统计"按钮，查询职工表中今年的各职称的人数，结果中含"职称代码"和"今年人数"两字段，结果在表格控件中显示。

（3）单击"退出"按钮关闭表单。

运行结果如下图所示。

★★★

第 80 题

在考生文件夹下，对 ec 数据库完成如下综合应用。

（1）建立一个名称为 myview 的视图，查询"购买"表中各购买项的"会员名"、"商品号"、"购买数量"和"单价"。

（2）设计一个名称为 myform 的表单，表单上设计一个页框，页框有"综合"和"购买"两个选项卡，在表单的右下角有一个"退出"命令按钮。要求如下：

1）表单的标题为"查询购买细节"。

2）单击选项卡"综合"时，在选项卡中显示 myview 视图中的记录。

3）单击选项卡"购买"时，在选项卡"购买"表中的记录。

4）单击"退出"命令按钮时，关闭表单。

运行结果如下图所示。

★★★

第 81 题

设计文件名为"表单 9"的表单。表单的标题为"对表排序"。表单中有一个选项组控件和两个命令按钮"操作"和"退出"。其中，选项组控件有两个按钮"升序"和"降序"。

运行表单时，在选项组控件中选择"升序"或"降序"，单击"操作"命令按钮后，对考生文件夹下的数据库"考试成绩"中的"成绩"表统计每个学生的平均成绩，统计结果中包括"学号"、"姓名"和"平均"成绩，并对"平均成绩"按照升序或降序（根据所选的选项组控件）排序，并将查询结果分别存入表 table1 或表 table2 中。

单击"退出"按钮关闭表单。

运行结果如下图所示。

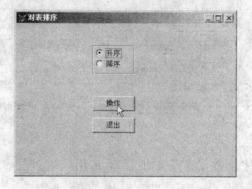

☆☆☆☆☆☆☆☆☆☆☆☆☆☆☆☆☆☆☆☆☆☆☆☆☆☆☆☆☆☆☆☆☆☆☆☆☆☆☆

第 82 题

设计文件名为 myform 的表单。表单的标题设为"学生平均成绩查询"。表单中有一个组合框、一个组合框和两个命令按钮，命令按钮的标题分别为"统计"和"退出"。

运行表单时，组合框中有"学号"可供选择，在组合框中选择"学号"后，如果单击"统计"命令按钮，则文本框显示出该生的考试平均成绩。

单击"退出"按钮关闭表单。

运行结果如下图所示。

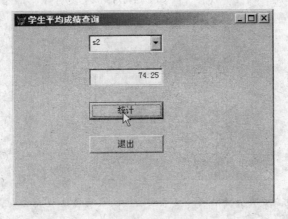

☆☆☆☆☆☆☆☆☆☆☆☆☆☆☆☆☆☆☆☆☆☆☆☆☆☆☆☆☆☆☆☆☆☆☆☆☆☆☆

第 83 题

在考生文件夹下有表"定货"和"客户"。设计一个名为 mymenu 的菜单，菜单中有两个菜单项"运行"和"退出"。

程序运行时，单击"运行"菜单项完成下列操作：（1）根据"定货"表中数据，更新"客户"表中的"总金额"字段的值。即将"定货"表中订单号相同的订货记录的"单价"与"数量"的乘积相加，添入客户表中对应"订单号"的"总金额"字段。

单击"退出"菜单项，程序终止运行。运行结果如图所示。

☆☆☆☆☆☆☆☆☆☆☆☆☆☆☆☆☆☆☆☆☆☆☆☆☆☆☆☆☆☆☆☆☆☆☆☆☆☆☆

第 84 题

在考生文件夹下，对"客户"数据库完成如下综合应用：

（1）建立一个名称为"视图 1"的视图，查询"定货"表中的全部字段和每条定货记录对应的"客户名称"。

（2）设计一个名称为 myform 的表单，表单上设计一个页框，页框有"定货"和"客户联系"两个选项卡，在表单的右下角有一个"退出"命令按钮。要求如下：

1）表单的标题名称为"客户定货"。

2）单击选项卡"定货"时，在选项卡中使用表格方式显示"视图 1"中的记录。

3）单击选项卡"客户联系"时，在选项卡中使用表格方式显示"客户联系"表中的记录。

4）单击"退出"命令按钮时，关闭表单。

运行结果如下图所示。

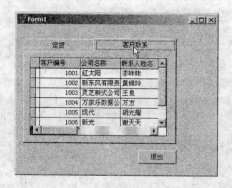

★★★

第 85 题

设计文件名为 myform 的表单。表单的标题为"按部门统计销售情况"。表单中有一个选项组控件和两个命令按钮"统计"和"退出"。其中，选项组控件有两个按钮"升序"和"降序"。

运行表单时，在选项组控件中选择"升序"或"降序"，单击"统计"命令按钮后，对 xs 表中的销售数据按"部门"分组汇总，汇总对象为每条销售记录的"销售数量"乘以"销售单价"，汇总结果中包括"部门号"、"部门名"和"汇总"三个字段，并按"汇总结果"升序或降序（根据所选择的选项组控件），将统计结果分别存入表 mytable 或表 mytable2 中。

单击"退出"按钮关闭表单。

运行结果如下图所示。

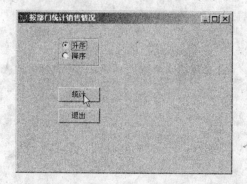

★★★

第86题

在考生文件夹下有"股票管理"数据库stock，数据库中有表sl。请编写并运行符合下列要求的程序：

设计一个名为mymenu的菜单，菜单中有两个菜单项"计算"和"退出"。程序运行时，单击"计算"菜单项应完成下列操作：

（1）将"现价"比"买入价"低的股票信息存入fk表，其中：浮亏金额=(买入价-现价)*持有数量（注意要先把表的fk内容清空）。

（2）根据fk表计算总浮亏金额，存入一个新表zje中，其字段名为"浮亏总金额"，该表最终只有一条记录。

单击"退出"菜单项，程序终止运行。

运行结果如下图所示。

★★★

第87题

在考生文件夹中对"职员管理"数据库staff_10完成如下综合应用：

数据库中有YUANGONG表和ZHIBAN表。ZHIBAN表中只有两条记录，分别记载了白天和夜里的每天加班费标准。请编写运行符合下列要求的程序：

设计一个名为staff_m的菜单，菜单中有两个菜单项"计算"和"退出"。程序运行时，单击"计算"菜单项应完成下列操作：

（1）计算YUANGONG表的加班费字段值，计算方法是：加班费=夜值班天数*夜每天加班费+昼值班天数*昼每天加班费。

（2）根据上面的结果，将员工的"职工编码"、"姓名"和"加班费"存储到的自由表staff_d中，并按"加班费"降序排序，如果"加班费"相等，则按"职工编码"升序排序。

单击"退出"菜单项，程序终止运行。

菜单运行结果如下图所示。

★★★

第 88 题

使用报表设计器建立一个报表，具体要求如下：

（1）报表的内容（细节带区）是 order_list 表的订单号、订购日期和总金额。

（2）增加数据分组，分组表达式是"order_list.客户号"，组标头带区的内容是"客户号"，组注脚带区的内容是该组订单的"总金额"合计。

（3）增加标题带区，标题是"订单分组汇总表（按客户）"，要求是 3 号字、黑体，括号是全角符号。

（4）增加总结带区，该带区的内容是所有订单的总金额合计。

最后将建立的报表文件保存为 report1.frx 文件。

报表运行预览结果如下图所示。

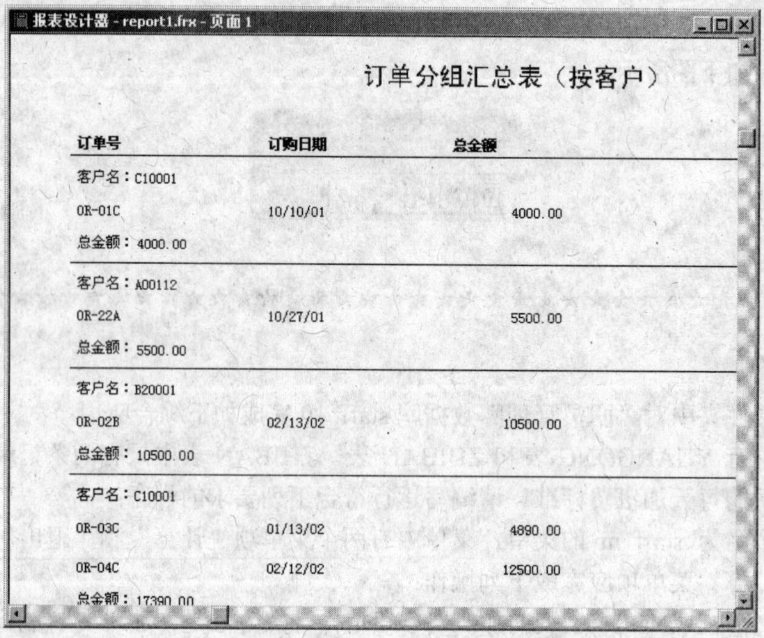

★★★

第 89 题

在考生文件夹下，对"雇员管理"数据库完成如下综合应用：

（1）建立一个名称为 VIEW1 的视图，查询每个雇员的部门号、部门名、雇员号、姓名、性别、年龄和 EMAIL。

（2）设计一个名称为 form2 的表单，表单上设计一个页框，页框有"部门"和"雇员"两个选项卡，在表单上有一个"退出"命令按钮。要求如下：

1）表单的标题名称为"商品销售数据输入"；

2）单击选项卡"雇员"时，在选项卡"雇员"中使用"表格"方式显示 VIEW1 视图中的记录；

3）单击选项卡"部门"时，在选项卡"部门"中使用"表格"方式显示"部门"表中

的记录;

　　4) 单击"退出"命令按钮时,关闭表单。

　　运行结果如下图所示。

![商品销售数据输入表单,包含"雇员"和"部门"两个选项卡,表格显示部门号、部门名、雇员号、姓名等列,底部有"退出"按钮]

★★★

第90题

　　设计一个文件名和表单名均为 myform 的表单。表单的标题设为"使用零件情况统计"。表单中有一个组合框、一个文本框和两个命令按钮:"统计"和"退出"。

　　运行表单时,组合框中有三个条目"s1"、"s2"、"s3"可供选择,单击"统计"命令按钮以后,则文本框显示出该项目所用零件的金额(某种零件的金额=单价*数量)。

　　单击"退出"按钮关闭表单。

　　运行结果如下图所示。

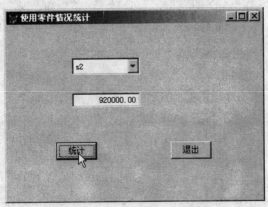

★★★

第91题

　　按如下要求完成综合应用。

（1）根据"项目信息"、"零件信息"和"使用零件"三个表建立查询，该查询包含"项目号"、"项目名"、"零件名称"和"数量"四个字段，并要求先按"项目号"升序排序、再按"零件名称"降序排序，保存的查询文件名为 chaxun。

（2）建立一个表单，表单名和文件名均为 myform，表单中含有一个表格控件 Grid1，该表格控件的数据源是前面建立的查询 chaxun；在表格控件下面添加一个"退出"命令按钮 Command1，要求命令按钮与表格控件左对齐、并且宽度相同，单击该按钮时关闭表单。运行结果如下图所示。

★★

第 92 题

在考生文件夹下，对"商品销售"数据库完成如下综合应用：

（1）请编写名称为 changecommand 的命令程序并执行，该程序实现下面的功能：将"商品表"中"商品号"前两位编号为"10"的商品的"单价"修改为"出厂单价"的基础上提高10%；使用"单价调整表"对商品表的部分商品出厂单价进行修改。

（2）设计一个名称为 form2 的表单，上面有"调整"和"退出"两个命令按钮。单击"调整"命令按钮时，调用 changecommand 命令程序实现"商品单价"调整；单击"退出"命令按钮时，关闭表单。

运行结果如下图所示。

★★

第 93 题

设计一个表单，表单文件名为 myform，表单界面如下所示。

其中：

（1）"输入姓名"为标签控件Label1；

（2）表单标题为"外汇查询"；

（3）文本框的名称为Text1，用于输入要查询的姓名，如"张三丰"；

（4）表格控件的名称为Grid1，用于显示所查询人持有的外币名称和持有数量，RecordSourceType的属性为"0-表"；

（5）"查询"命令按钮的名称为Command1，单击该按钮时在表格控件Grid1中按"持有数量"升序显示所查询人持有的"外币名称"和"数量"（如上图所示），并将结果存储在以"姓名"命名的DBF表文件中，如"张三丰.DBF"；

（6）"退出"命令按钮的名称为Command2，单击该按钮时关闭表单。

完成以上表单设计后运行该表单，并分别查询"林诗因"、"张三丰"和"李寻欢"所持有的外币名称和持有数量。

✫✫

第94题

根据考生文件夹下的表"学生"、"课程"和"选课"。设计名为 myform 的表单。表单的标题为"学生学习情况统计"。表单中有一个选项组控件和两个命令按钮"计算"和"退出"。其中，选项组控件有两个按钮："升序"和"降序"。

运行表单时，在选项组控件中选择"升序"或"降序"，单击"计算"命令按钮后，按照成绩"升序"或"降序"（根据选项组控件）将选修了"英语"的学生学号和成绩分别存入 sort1.dbf 和 sort2.dbf 文件中。

单击"退出"按钮关闭表单。

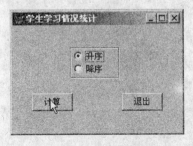

✫✫

第 95 题

（1）打开基本操作中建立的数据库 sdb，在数据库中已经建立了一个视图，要求利用报表向导制作一个报表，选择 SVIEW 视图中所有字段；记录不分组；报表样式为"随意式"；排序字段为 "学号"（升序）；报表标题为"学生成绩统计一览表"；报表文件名为 pstudent。

（2）设计一个名称为 form2 的表单，表单上有"浏览"和"打印"两个命令按钮。单击"浏览"命令按钮时，执行 SELECT 语句查询前面定义的 SVIEW 视图中的记录，单击"打印"命令按钮时，调用报表文件 pstudent 浏览报表的内容。

运行结果如下图所示。

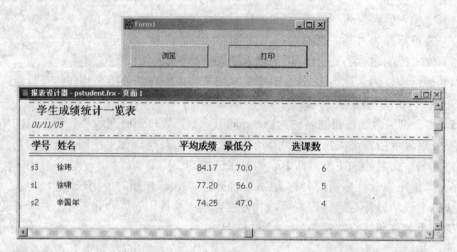

★★★★★★★★★★★★★★★★★★★★★★★★★★★★★★★★★★★★★★★

第 96 题

利用菜单设计器建立一个菜单 mymenu，要求如下：

（1）主菜单的菜单项包括"统计"和"退出"两项；

（2）"统计"菜单下只有一个菜单项"平均"，该菜单项的功能是统计各门课程的平均成绩，统计结果包含"课程名"和"平均成绩"两个字段，并将统计结果按课程名升序保存在表 NEWTABLE 中。

（3）"退出"菜单项的功能是返回默认的系统菜单（SET SYSMENU TO DEFAULT）。

菜单建立后，运行该菜单中各个菜单项。运行结果如下图所示。

★★★★★★★★★★★★★★★★★★★★★★★★★★★★★★★★★★★★★★★

第97题

在考生文件夹下，打开 Ecommerce 数据库，完成如下综合应用：

设计一个名称为 myform 的表单（文件名和表单名均为 myform），表单的标题为"客户商品订单基本信息浏览"。表单上设计一个包含三个选项卡的"页框"和一个"退出"命令按钮。要求如下：

（1）为表单建立数据环境，按顺序向数据环境添加 Article 表、Customer 表和 OrderItem 表。

（2）按从左至右的顺序三个选项卡的标题的分别为"客户表"、"商品表"和"订单表"，每个选项卡上均有一个表格控件，分别显示对应表的内容（从数据环境中添加，客户表为 Customer、商品表为 Article、订单表为 OrderItem）。

（3）单击"退出"按钮关闭表单。

运行结果如下图所示。

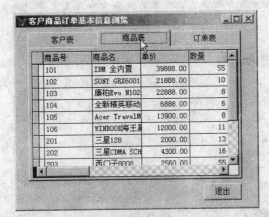

☆☆

第98题

在考生文件夹下，对数据库 salary_db 完成如下综合应用：

设计一个名称为 form2 的表单，在表单上设计一个选项组及两个命令按钮"生成"和"退出"，其中选项按钮组有"雇员工资表"、"部门表"和"部门工资汇总表"三个选项按钮。为表单建立数据环境，并向数据环境添加 dept 表和 salarys 表。

各选项按钮功能如下：

（1）当用户选择"雇员工资表"选项按钮后，单击"生成"命令按钮，查询显示数据库中的 sview 视图中的所有信息，并把结果存入表 gz1.dbf 中。

（2）当用户选择"部门表"选项按钮后，单击"生成"命令按钮，查询显示 dept 表中每个部门的"部门号"和"部门名称"，并把结果存入表 bm1.dbf 中。

（3）当用户选择"部门工资汇总表"选项按钮后，单击"生成"命令按钮，则按"部门汇总"将该公司的"部门号"、"部门名"、"工资"、"补贴"、"奖励"、"失业保险"和"医疗统筹"的支出汇总合计结果存入表 hz1.dbf 中，并按"部门号"的升序排序。

（4）单击"退出"按钮，退出表单。

表单运行结果如图所示。

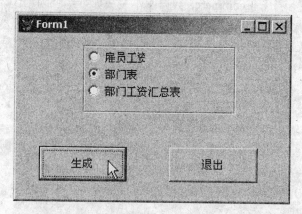

★★★

第 99 题

设计名为mystu的表单（文件名为mystu，表单名为form1），表单的标题为"计算机系学生选课情况"。表单中有一个表格控件和两个命令按钮"查询"和"退出"。

先将该控件的RecordSourceType的属性设置为4（SQL说明）。

运行表单时，单击"查询"命令按钮后，表格控件中显示6系（"系"字段值等于字符"6"）的所有学生的"姓名"、选修的"课程名"和"成绩"。

单击"退出"按钮关闭表单。

运行结果如下图所示。

★★★

第 100 题

设计一个文件名和表单名均为 myform 的表单。表单的标题为"外汇持有情况"。表单中有一个选项组控件和两个命令按钮"统计"和"退出"。其中，选项组控件有三个按钮"日元"、"美元"和"欧元"。

运行表单时,在选项组控件中选择"日元"、"美元"或"欧元",单击"统计"命令按钮后,根据选项组控件的选择将持有相应外币的人的"姓名"和"持有数量"分别存入ry.dbf（日元）或my.dbf（美元）或oy.dbf（欧元）中。

单击"退出"按钮时关闭表单。

表单建成后,要求运行表单,并分别统计"日元"、"美元"和"欧元"的持有数量。

运行结果如下图所示。

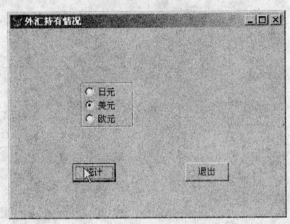